KB202236

THE ORIGIN OF HUMANKIND

인류의 기원

SCIENCE MASTERS

THE ORIGIN OF HUMANKIND

by Richard Leakey

THE ORIGIN OF HUMANKIND

인류의 기원

리처드 리키가 들려주는
최초의 인간 이야기

리처드 리키

황현숙 옮김

인 류 는
스 스 로 를
창 조 해   왔 다

인류는 언제, 어디서, 어떻게 탄생해 오늘날의 우리에 이르렀는가? 우리는 누구이며 어디에서 왔는가에 대한 물음은 우주의 기원과 함께 언제나 우리 인간을 사로잡아 온 주제였다. 그리고 이를 밝히려는 과정은 오류와 편견, 나아가 선입관과의 끝없는 투쟁이기도 했다.

200년도 훨씬 전인 1758년에 스웨덴의 식물학자 린네는 그의 책 『자연의 체계(System naturae)』에서, 인간을 속명과 종명을 합쳐 표기하는 이명법(二名法)의 체계에 따라 '호모 사피엔스(Homo sapiens)'라고 이름 붙이고 하나의 종으로 분류했다. 오랫동안 인간이 자연 속에서 차지하는 위치를 밝히기 위해 노력한 결과였다. 그

로부터 다시 100년 후인 1859년 다윈은『종의 기원』에서 인간도
다른 생물로부터 진화해 왔음을, 다시 말해 인류의 조상이 원숭이
임을 암시하였다.

　　이후 편견으로 가득 찬 고매한 인간 대신 원숭이를 할아버지
로 받아들이려는 노력은 다윈의 열렬한 추종자인 토머스 헉슬리
와 그 후예들에 의해 본격적으로 시작되었다. 이 큰 흐름에 아프리
카 대륙에서 우리 조상들의 흔적을 찾는 데 전 생애를 바치다시피
한 루이스 리키와 메리 리키 부부가 있다. 그리고 부모의 뒤를 이
어 케냐의 사막을 샅샅이 뒤지고 다닌 리처드 리키가 있다. 리키
박사는 로저 르윈과 함께『오리진(Origins)』의 저자로 우리에게도
널리 알려져 있다. 이 책은 그가 가장 최근에 쓴 저서이다.

　　목도 가누지 못하던 갓난아이가 어느 순간 두 발로 아장아장
걷기 시작할 때, 서투른 발음으로 무어라고 옹알거릴 때, 뜻 모를
그림을 그려 놓고 방긋 웃을 때 감격하지 않는 부모가 어디 있으
랴. 하지만 사람들은 아기가 서서 걷고 말문을 열려면 많은 시간이
지나야 함을 잘 알면서도, 우리 인류가 처음부터 두 발로 서서 마
주보며 이야기하지 않았다는 데에는 그다지 주목하지 않는다.
1924년 레이먼드 다트가 오스트랄로 피테쿠스의 화석을 처음 발

견한 이래, 그들이 두 발로 뒤뚱거리며 걷고 우리처럼 고통과 기쁨과 사랑을 알았으리라는 걸 인정하는 데는 참으로 많은 시간이 걸렸다. 아니, 아직도 더 많은 시간이 걸릴 것이다.

물론 이 책은 진화론의 역사나 과학과 종교를 둘러싼 문제를 다루고 있는 게 아니다. 더구나 창조론을 비판하고 있지도 않다. 그저 모든 비밀을 감춘 채 좀처럼 드러내지 않는 지구가 감질나게 토해 내는, 확률 1000만 분의 1이라는 호미니드 화석을 찾아 뜨거운 사막과 동굴을 탐사하는 사람들의 이야기와, 그 실낱 같은 근거로부터 인류 진화의 대장정을 설명해 보려는 노력이 담겨 있을 뿐이다.

인류 진화의 큰 줄기 어디쯤에서 현생 인류는 갈라져 나왔는가? 아프리카 기원설처럼 우리 모두는 약 20만 년 전 아프리카의 한 여인으로부터 비롯되어 전 세계로 퍼져 나갔는가, 아니면 다지역 진화설에서처럼 전 지역에서 개별 진화했는가? 무려 6만 년 동안이나 중동 지방에서 현대인(크로마뇽인)과 공존하다가 약 3만~4만 년 전에 사라진 네안데르탈인은 우리와 어떤 관계가 있는가? 그들이 사라진 이유는 무엇인가? 인류의 기원과 관련된 온갖 주제들을 이 책은 다루고 있다.

나아가 저자는 현생 인류의 진화는 우리가 경험하는 것과 동일한 정신세계의 탄생을 포함하고 있다고 지적하며, 예술과 언어, 그리고 인간 정신의 기원까지 설득력 있게 제시하고 있다.

흔히들 인류 진화의 연구는 과학의 엄밀성과 탐정 소설의 낭만성이 어우러진 탐험 소설과도 같다고 말한다. 이 책이 바로 그러하다. 고고학과 지질학, 자연인류학, 고생물학, 분자생물학 등의 빈틈없는 과학적 사실에 근거하면서도 언어와 예술, 인간 정신에 대한 폭넓은 해석과, 더러는 풍부한 상상력이 어우러진 한 편의 대서사시라 한다면 지나친 표현일까. 아직 끝나지 않은, 어쩌면 영원히 끝나지 않을 인류 진화의 대장정에 도전하는 이들의 모습이 가슴 뭉클하게 다가올지, 헛된 노력으로 비칠지는 순전히 독자들의 몫이다.

대학 시절, 인간과 침팬지가 유전학적으로 99퍼센트 이상 동일함을 보여 주는 자료를 앞에 놓고 참으로 당혹스러워했던 기억이 난다. 그것은 인간과 침팬지가 놀라우리만치 가깝다는 사실 때문만은 아니었다. 그때까지 오스트랄로피테쿠스라든지 호모 에렉투스가 우리의 조상이라고 읊조리면서도 그들에 대해 별반 궁금해하지도, 알려고도 하지 않았음으로 문득 깨달았기 때문이었다. 수십만, 수백만 년이라는 시간적 거리감이 그렇게 만들었는지도 모른다.

이 책은 시대의 한순간을 살아가는 우리에게 수십만 년, 심지어 몇 백만 년이라는 기나긴 세월의 의미를 되찾아 준다. 그것은 적어도 300만 년 전에 시작된 인류 진화의 드라마에서 우리보다 먼저 무대에 섰던 수많은 배우들의 침묵이다. 그 속에서 우리는 우리 선조들의 원시적인 눈길을 느끼고, 역사학자 토인비의 말처럼 동물원 원숭이의 멍한 눈빛에서 진화에서 밀려난 진한 슬픔을 발견한다. 그리고 우리가 누구이며 누구여야 하는가를 질문받게 된다. 눈부시게 발전하는 과학 기술이나 급변하는 세계와 조화를 이루어야 할 편견 없는 새로운 인간상이 필연적이라면, 이 책은 그 출발점이 되어 줄 것이다.

프로이트는 인간이 이룬 가장 위대한 과학의 역사가 역설적이게도 인간을 우주의 중심 무대에서 점차 후퇴시키고 있노라고 했다. "인류는 과학에 의해 두 차례 중대한 모욕을 당했다. 첫 번째는 우리의 지구가 우주의 중심이 아니라 드넓은 우주 속의 한 점 티끌에 지나지 않음을 깨달았을 때였고, 두 번째는 신의 피조물로서의 인간의 특권을 강탈당하고 동물의 한 후손으로 격하되었을 때였다."

이것은 어쩌면 사실이다. 코페르니쿠스 이전까지만 해도 우리 인간은 우주의 중심에 살고 있었고, 다윈 이전에는 신에 의해 창조된 선택받은 존재였다. 그리고 프로이트 전까지만 해도 인간은 이성적인 동물로 대접받았다. 그러나 이제 인간은 다른 동물과 같은 위치에서 자신의 설계도가 규명되는 걸 기다리게 되었다. 인간은 어디까지 초라해질 것인가?

그러나 이 책을 다 읽고 난 독자라면, 오늘날 우리가 있기까지의 지난한 과정을 인식한 독자라면, 그 역 또한 사실임을 이해하게 될 것이다. 나무에서 내려와 땅에 첫발을 내디딘 이후 인류는 직립 보행과 도구 사용, 언어 습득의 길고 긴 강행군을 통해 지구의 중심 무대로 나섰다. 그리고 달에 첫발을 내디딤으로써 우주에 진출하였다. 인간은 어디까지 위대해질 것인가?

시속 100킬로미터로나 달리듯이 심하게 털털거리는 차 속에서, 손잡이에 달랑 손가락 두 개만 걸친 채로 두 발로 버티고 서서 턱 하니 한 손에 책까지 펴 들고 있는 자신의 모습이 새삼 대견스럽다. 여기에는 200만 년이라는, 우리네 한순간의 짧은 삶으로는 도저히 가늠할 수 없는 시간이 있다.

　　인류는 스스로를 창조해 왔다. 한때 마침내 두 발로 일어서서 걸음으로써, 몇 마디 말문을 터뜨림으로써 엄마 아빠를 감동시켰던 사람이라면 두 발 직립 보행, 구어의 사용이라는 이 감동적인 드라마의 주인공이 될 충분한 자격이 있다. 그들에게 저자를 대신해 이 책을 바치고 싶다.

황현숙

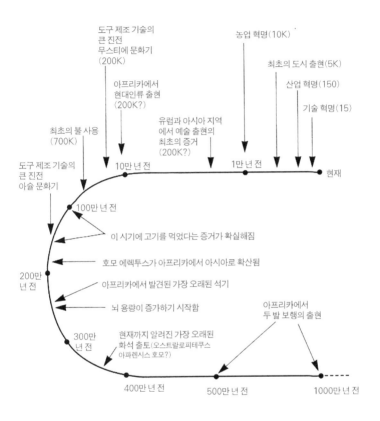

인류 진화의 역사. 여기서 K는 1000년 전을 뜻한다.

도구 제조 기술의
큰 진전
무스티에 문화기
(200K)

농업 혁명(10K)

아프리카에서
현대인류 출현
(200K?)

최초의 도시 출현(5K)

산업 혁명(150)

기술 혁명(15)

최초의 불 사용
(700K)

유럽과 아시아 지역
에서 예술 출현의
최초의 증거
(200K?)

도구 제조 기술의
큰 진전
아슐 문화기

1만 년 전

현재

10만 년 전

100만 년 전

이 시기에 고기를 먹었다는 증거가 확실해짐

호모 에렉투스가 아프리카에서 아시아로 확산됨

아프리카에서 발견된 가장 오래된 석기

200만
년 전

뇌 용량이 증가하기 시작함

아프리카에서
두 발 보행의 출현

300만
년 전

현재까지 알려진 가장 오래된
화석 출토(오스트랄로피테쿠스
아파렌시스 호모?)

400만 년 전

500만 년 전

1000만 년 전

인류의
흔적을
찾아서

아득한 인류 조상의 손상되지 않은 완벽한 골격을 발굴할 수는 없을까? 그것은 모든 인류학자들의 꿈이다. 그러나 그 꿈은 대부분의 학자들에게 아직 실현되지 못한 채로 남아 있다. 죽음, 매장, 그리고 화석화라는 일정치 않은 과정은 인류의 선사 시대에 대한 희미하고도 단편적인 기록밖에 남기지 않았기 때문이다. 즉 치아나 뼈만 발견된다든지, 두개골의 일부 단편만 발견되는 식이다. 대개는 그러한 실마리를 토대로 선사 시대 인류를 재구성해야 한다.

매우 불완전한 형태이기는 하지만 나는 그런 단서의 중요성을 부정하고 싶지는 않다. 그것조차 없다면 선사 시대 인류에 대해 말할 수 있는 내용이란 거의 없을 테니까 말이다. 더욱이 나는 이처럼 빈약한 유물의 물리적 실재(實在)를 경험하는 짜릿한 흥분을 평가 절하하고 싶은 생각도 없다. 그것은 우리 조상의 일부분이며, 피와 살로 이어진 수많은 세대를 거쳐 우리와 연결되어 있기 때문이다. 그러나 완벽한 골격의 발견은 여전히 우리의 궁극적인 목표이다.

1969년, 나는 특별한 행운을 잡을 기회가 있었다. 당시 나는 케냐 북부 투르카나(Turkana) 호의 넓은 동쪽 호숫가에 형성된 사암 퇴적물을 조사할 참이었다. 나로서는 이 조사가 최초의 독자적인 화석 지역 탐사였다. 1년 전에 경비행기로 그 지역을 답사한 적이 있었기 때문에 나는 그곳에 중요한 화석이 있으리라는 강한 확신에 이끌렸다. 나의 판단에 의문을 제기하는 사람들도 많았지만, 나는 층상 퇴적물이 원시 인류의 생활을 보존하고 있을 유력한 저장소라고 보았다. 그곳의 지형은 험하고 기후는 숨이 막힐 만큼 덥고 건조했지만, 경치만큼은 보는 이의 마음을 송두리째 빼앗아 버릴 만큼 아름다웠다.

미국 지리학회의 지원을 받아 나는 답사에 나설 소규모 팀을 모았다. 그중에는 후일 나의 아내가 된 미브 엡스(Meave Epps)도 있었다. 그 지역에 도착하고 며칠 뒤인 어느 날, 미브와 나는 간단한 답사 여행을 마치고 물이 빠진 강바닥을 따라 지름길로 해서 캠프로 돌아오는 중이었다. 우리 둘은 모두 목이 말라 있었고, 어떻게든 한낮의 찌는 듯한 더위를 피하고 싶은 열망이 간절했다.

그런데 갑자기, 바로 눈앞에 전혀 손상되지 않은 두개골 화석이 오렌지빛 모래 위에 얌전히 놓여 있는 게 아닌가. 퀭한 눈구멍은 멍하니 우리를 쳐다보고 있었는데, 그 모습은 틀림없는 사람의 것이었다. 워낙 오래전의 일이라서 당시 내가 미브에게 무슨 말을 했는지 정확히 기억은 나지 않지만, 아마도 우연히 횡재한 물건에 대한 반신반의의 기쁨 섞인 말을 한 것 같다.

즉시 내가 오스트랄로피테쿠스 보이세이(*Autralopithecus boisei*)임을 확인했던 그 두개골은, 오래전에 멸종된 사람종(種)으로서 최근에 이르러서야 계절별로 강물이 흐르는 퇴적층에 모습을 드러낸 것이었다. 그것은 거의 175만 년 전에 땅속에 묻힌 이후 처음으로 태양 아래 모습을 드러낸 것으로서, 일찍이 발굴된 몇 안 되는 온전한 원시 인류의 두개골 가운데 하나였다. 아마도 그것이 드러난 후 몇 주일 내에 억수 같은 비가 마른 대지를 적셨을 것이고, 따라서 미브와 내가 그것을 우연히 발견하지 못했다면 그 연약한 유골은 홍수에 파괴되었을 것이 분명하다. 때맞춰 우리가 그곳에 있어 오랫동안 묻혀 있던 화석을 발굴하게 된 우연은 거의 기적에 가까웠다.

묘한 우연의 일치로, 내 어머니인 메리 리키(Mary Leakey)가 탄자니아의 올두바이 계곡에서 비슷한 두개골을 발견한 지 거의 10년째 되던 날에 나의 발견이 이루어졌다. (그러나 그 두개골은 수백 개의 조각들을 재구성해야 하는, 엄청나게 힘든 구석기의 조각 그림 맞추기 퍼즐이었다.) 나는 어머니와 아버지 루이스 리키(Louis Leakey)가 누렸던, 전설적인 '리키의 행운'을 물려받은 것이 분명했다.

실제로 그 후에도 행운은 계속 이어져, 투르카나 호에서 행해진 일련의 탐사에서도 많은 사람 화석을 찾아냈다. 그 가운데에는 가장 오래된 것으로 알려진 사람속(屬)의 손상되지 않은 두개(頭蓋)도 있었다. 그것은 나중에 현생 인류인 호모 사피엔스(*Homo sapiens*)로 진화해 간 인류의 한 가지였다.

어린 시절에 나는 화석 사냥 같은 일은 절대 하지 않겠다고 맹세했었다. 세계적으로 저명한 학자인 양친의 그늘에 가려 살아가고 싶지 않았기 때문이다. 그러나 모험심이라는 신기한 마법이 나를 이 일로 끌어들였다. 인류 조상의 흔적이 들어 있는 동아프리카의 건조한 퇴적물은 거역할 수 없는 독특한 아름다움을 지니고 있었다. 그러나 한편으로 조그만 실수조차 용납하지 않았고, 위험스러운 일면도 있었다. 흔히 화석과 원시 석기(石器)를 찾는 일은 낭만적인 경험으로 비치기도 한다. 분명 낭만적인 면이 없지는 않지만, 이 작업은 안락한 연구소와는 수백 또는 수천 킬로미터 떨어진 황량한 곳에서 기본 자료들을 찾아내야 하는 힘든 과학이다. 그것은 육체적으로 고되고 힘든 일을 요하는 작업으로, 종종 생명의 안전이 걸려 있는 군대의 작전과도 같은 것이다. 나는 개인적으로나 육체적으로 어려운 환경에도 굴하지 않고 일을 조직해 내고 이뤄내는 자질이 나에게 있음을 알았다.

투르카나 호의 동쪽 호숫가에서 이루어진 많은 중요한 발견 덕분에, 나는 한때 완강히 거부하던 직업에 흠뻑 빠져들었을 뿐 아니라, 그 분야에서 상당한 명성을 얻었다. 그럼에도 불구하고 궁극적인 꿈인 완전한 사람의 골격은 여전히 내 손길을 피하고 있었다.

집단의 활력이 유지되고, 꾸준히 쌓여 온 희망이 현실적인 경험을 통해 담금질되고 있던 1984년 늦여름, 나와 동료들은 꿈이 실현되기 시작하는 것을 보았다. 그해 우리는 처음으로 투르카나 호의 서안(西岸)을 탐사하기로 결정했다.

8월 23일, 나의 가장 오랜 친구이자 동료인 카모야 키메우 (Kamoya Kimeu)는 좁은 협곡 가까이 있는 경사면 위의 조약돌 사이에서 두개골의 자그마한 파편을 발견했다. 그 협곡은 계절에 따라 흘렀다 말랐다 하는 시냇물의 흔적이 남아 있었다. 우리는 주의 깊게 두개골의 다른 조각들을 찾기 시작했으며, 곧 기대보다 많은 유골을 찾아낼 수 있었다. 그 발견 이후 우리 팀은 다섯 계절에 걸쳐 발굴을 진행해 1,500톤의 퇴적물을 옮겼으며, 발굴 작업이 진행되는 동안 야외에서만 일곱 달 이상을 지내야 했다.

마침내 우리는 그것이 150만 년이나 된 그 고대의 호수 언저리에서 죽은 한 개체의 사실상 전체 골격이라는 사실을 밝혀냈다. 우리가 '투르카나 소년(Turkana boy)'이라고 이름을 붙인 그는 겨우 아홉 살에 죽었는데, 죽음의 원인은 아직도 오리무중이다.

팔뼈, 다리뼈, 등뼈, 갈비뼈, 골반, 턱뼈, 치아, 그리고 많은 두개골 파편 등의 화석 뼈를 잇달아 발굴한 것은 참으로 이례적인 경험이었다. 그 소년의 골격이 서서히 전체 모습을 드러내기 시작했다. 160만 년 동안 파편으로 있다가 이제 다시 한 개인으로 태어나고 있었다. 인류의 화석 기록상에서 이처럼 완벽한 골격은 기껏 10만 년 전에 해당하는 네안데르탈인의 시대에 이르기까지 발견되지 않았다. 그러한 발견이 주는 감격과는 별개로, 우리는 그 발견이 선사 시대의 결정적인 시기에 대한 중대한 통찰을 가져다주리라는 것을 알아차렸다.

이야기를 계속해 나가기 전에 인류학의 전문 용어 하나를 살펴보아야겠다. 이따금 난해한 용어들이 전문가들조차 이해할 수 없을 만큼 난무하는 경우가 있다. 나는 되도록 그러한 전문 용어를 피하려고 한다. 선사 시대의 사람과(科)에 속하는 여러 종에는 제각기 과학적인 꼬리표, 즉 학명이 붙어 있다. 학명의 사용은 피할 길이 없다.

물론 사람과 자체에도 이름이 있다. 호미니드(hominid)가 그것이다. 나의 일부 동료들은 '호미니드'라는 용어를 사람의 모든 선조 종에 대해서 사용하는 것을 선호한다. 그들은 '사람(human)'이라는 용어는 우리와 같은 사람을 나타낼 때만 써야 한다고 주장한다. 달리 말해 '사람'이라고 할 수 있는 유일한 호미니드는 우리와 같은 수준의 지능, 도덕성, 그리고 내성적(內省的)인 의식의 깊이를 가진 동물이어야 한다는 것이다.

그러나 내 생각은 다르다. 나는 원시 호미니드들을 당시의 다른 유인원들과 뚜렷이 구별해 주는 직립 보행으로의 진화가, 이후

그림 1
중요한 화석 발굴 지역. 최초의 초기 인류 화석의 발굴은 1924년부터 남아프리카 동굴 지역에서 이루어졌다. 1959년 이후 중요한 발견이 동아프리카(탄자니아, 케냐, 그리고 에티오피아)에서 이루어지기 시작했다.

사람의 역사에서 중대한 역할을 했으리라고 생각한다. 우리의 옛

조상이 두 발을 가진 유인원이 되자 여러 가지 혁신적인 진화가 가

능해졌고, 그 결과 '사람속(*Homo*)'이 출현했다. 이 때문에 나는 호미니드에 속하는 모든 종을 '사람'이라고 불러도 상관없다고 생각한다.

그렇다고 과거의 모든 사람종이 오늘날 우리가 알고 있는 정신세계를 누렸다는 뜻은 아니다. 가장 기본적인 의미에서 '사람'이라는 명칭은 단순히 직립 보행을 하는 두 발 가진 유인원을 나타낸다. 나는 이제부터 이런 식으로 이 용어를 쓸 생각이다. 그리고 현대인의 특징을 설명하기 위해 이 용어를 쓸 때는 달리 언급을 할 것이다.

투르카나 소년은 호모 에렉투스(*Homo erectus*)의 일원이었다. 호모 에렉투스는 인간 진화의 역사에서 중추적인 위치를 차지하는 종이다. 유전학과 화석이라는 서로 다른 계통의 증거들을 통해 우리는 약 700만 년 전에 최초의 사람종이 진화했다는 사실을 알고 있다. 약 200만 년 전에 호모 에렉투스가 무대에 등장할 때쯤에는 인류의 선사 시대는 이미 시작된 지 오래였다. 우리는 호모 에렉투스가 출현하기 전에 얼마나 많은 사람종이 나타났다가 멸종했는지 알지 못한다. 최소한 여섯 종, 어쩌면 그 두 배에 달할지도 모른다.

그러나 우리는 호모 에렉투스 이전의 모든 사람종이 두 발을 가졌으며, 많은 점에서 유인원과 비슷했다는 사실은 분명히 알고 있다. 그들은 비교적 뇌가 작은 편이고, 턱이 앞으로 튀어나왔다. 그리고 신체는 여러 면에서 사람보다는 유인원에 가까웠다. 예를 들어, 깔때기 모양의 가슴과 작은 목, 허리가 없는 점 등이 그것이다. 호모 에렉투스의 경우 뇌가 커지고 턱이 들어가고 몸은 훨씬 강건한 모습을 갖추었다. 호모 에렉투스로의 진화는 그 외에도 오늘날 우리가 우리 자신에게 확인할 수 있는 숱한 육체적 특징을 가져왔다. 인류의 선사 시대는 200만 년 전에 중요한 변화를 겪은 것이 분명하다.

호모 에렉투스는 불을 사용한 최초의 사람종이었다. 사냥을 생존의 중요 수단으로 삼은 최초의 사람종이며, 현생 인류처럼 달릴 수 있는 최초의 사람종이었다. 머릿속에 가지고 있던 일정한 틀에 따라 석기를 만든 최초의 사람종이며, 아프리카 너머까지 생활 무대를 넓힌 최초의 사람종이었다.

우리는 호모 에렉투스가 어느 정도의 구어(口語)를 사용했는지 확실하게 알지 못하지만, 몇몇 분야의 증거는 구어가 있었다는 사실을 시사하고 있다. 이 종이 어느 정도로 사람과 같은 자의식을 가졌는지는 밝혀지지 않았고, 앞으로도 영원히 알지 못할 것이다. 그러나 나는 분명 그들이 의식을 가졌으리라고 생각한다. 구태여 말할 필요도 없지만, 호모 사피엔스의 가장 큰 특징인 언어와 의식은 선사 시대의 기록에 아무런 흔적도 남겨 놓지 않았다.

인류의 선사 시대에 관한 더 많은 유물들이 발굴되어 분석되기까지, 어떤 인류학자도 과거에 대해 단정할 수 없다. 그러나 연구자들 사이에서는 인류의 선사 시대의 전반적인 모습에 대해 많은 점에서 의견 일치를 보이고 있다. 나는 그 가운데 네 가지 주요 단계를 자신 있게 말할 수 있다.

최초의 단계는 사람과의 기원으로, 두 발을 가지고 직립 보행하는 유인원 종이 진화한 것은 약 700만 년 전의 일이다. 두 번째 단계는 두 발을 가진 종들의 분화로서 생물학자들이 '적응 방산(adaptive radiation)'이라고 부르는 과정이다. 700만 년 전과 200만 년 전 사이에 두 발을 가진 여러 유인원 종들이 진화했으며, 각기 조금씩 다른 생태 환경에 적응해 갔다.

사람종이 분화해 가는 과정에서 300만 년 전과 200만 년 전 사이에 상당히 큰 뇌를 가진 종이 나타났는데, 뇌의 크기가 커진 것이 세 번째 단계의 특징으로, 사람속의 기원을 의미한다. 사람속은 호모 에렉투스를 거쳐 궁극적으로 호모 사피엔스로 진화해 간 인류라는 나무의 한 가지이다. 네 번째 단계는 현생 인류의 기원으로, 달리 찾아볼 수 없는 언어와 의식, 예술적 상상력, 그리고 기술 혁신의 능력을 완벽하게 갖춘 우리와 같은 사람으로 진화한 것이다.

이 네 가지 주요 단계는 이 책에서 전개될 과학적 설명의 뼈대에 해당한다. 앞으로 확실히 알게 되겠지만, 인류의 선사 시대에 대한 연구를 통해 우리는 과거에 '어떤 일'이, '언제' 일어났는지뿐 아니라 '왜' 일어났는지에 대해서도 질문을 던지기 시작했다. 다시 말해서, 코끼리나 말의 진화에 대한 연구와 마찬가지로, 진화 시나리오의 전개라는 맥락에서 우리와 우리의 조상에 대한 연구가 이루어지고 있는 것이다.

이 말이 호모 사피엔스가 여러 가지 점에서 독특하다는 사실을 부정한다는 뜻은 아니다. 우리와 가장 유연관계가 가까운 침팬지조차 우리와는 많은 점에서 다르다. 그러나 우리는 생물학적인 의미에서 우리와 자연의 나머지 생물과의 연관성을 이해하기 시작했다.

지난 30년 동안 인류학에는 엄청난 발전이 있었다. 전례 없는 화석의 발견이 이루어졌고, 화석에서 찾아낸 단서들을 종합하고 해석하는 방법의 혁신이 있었다. 모든 과학과 마찬가지로 인류학 역시 연구자들 사이에서 숨김없는, 이따금 격렬한 견해 차이가 일어나기 쉽다. 그 원인은 때로는 화석과 석기 형태의 불충분한 자료 때문이기도 하고, 때로는 부적절한 해석 방법에 기인하기도 한다. 그러므로 인류 역사에 대해 아직도 명확한 해답을 찾지 못한 많은 중요한 문제들이 남아 있다.

예를 들면, 인간 계통수(系統樹)의 정확한 모습은 어떠할까? 언제 정교한 구어가 처음으로 진화했는가? 선사 시대에 뇌의 크기가 극적으로 커진 것은 어떤 이유 때문인가? 앞으로 계속되는 장(章)에서 나는 어느 지점에서 왜 견해 차이가 나타나는지를 설명할 것이다. 그리고 때로는 나 자신의 견해도 숨김없이 밝힐 것이다.

나는 20년이 넘는 인류학 연구 과정 내내 많은 훌륭한 동료들과 일할 수 있는 행운을 누렸다. 그들에게 무척 고맙게 생각한다. 그 가운데 두 사람, 카모야 키메우와 앨런 워커(Alan Walker)에게는 특별히 감사를 전하고 싶다. 특히 내 아내 미브는 가장 어려운 시기에 나를 도와준 가장 특별한 친구이자 동료였다.

대	기	기간 (100만 년)	세	문화 단계	문화기
신생대	제4기		홀로세	신석기	아질기
		0.01	플라이스토세	(후기) 상부(후기)	마들렌기 솔뤼트레 문기 그라베트기 오리나크기 샤텔페론기
		0.04		(중기)	무스티에기
		0.15		구석기 (중기)	르발루아기 클랙턴기
		0.5		하부(전기)	
		1			아슐기
			(전기)		
	제3기	2	플라이오세		올두바이기
		5	마이오세	호미노이드, 호미니드의 기원	
		25	올리고세	유인원, 호미노이드의 기원	
		35	에오세	유인원의 기원?	
		53	팔레오세	원원류	
		65			

인류 진화의 연대표

THE ORIGIN OF HUMANKIND

인류의 기원

1
최초의 사람

인류학자들은 오랫동안 호모 사피엔스의 특성, 가령 언어나 고도의 기술 능력, 윤리적인 판단 능력 등에 마음을 빼앗겨 왔다. 그러나 최근 인류학에서 일어난 가장 중요한 변화 가운데 하나는, 이러한 특성에도 불구하고 아프리카 유인원과 사람의 유연관계가 실제로 매우 가깝다는 사실에 대한 인식이다. 어떻게 이처럼 중요한 인식의 변화가 이루어졌는가?

이 장에서 나는 초기 사람종의 특성에 대한 찰스 다윈(Charles Darwin)의 생각이 어떻게 1세기 이상이나 인류학자들에게 영향을 미쳤는지 이야기할 것이다. 그리고 아프리카 유인원과 우리 진화 과정과의 밀접한 관계가 새로운 연구를 통해 어떻게 밝혀졌으며,

자연에서 차지하는 인간의 위치에 대한 극히 다른 견해가 어떻게 받아들여졌는지 설명할 것이다.

1859년, 다윈은 『종의 기원(*Origin of Species*)』에서 진화의 함축적 의미가 사람에게 추론되는 것을 신중하게 피했다. 이후 개정판에는 "인간의 기원과 인간의 역사를 이해할 수 있는 빛이 비칠 것이다."라는 조심스러운 문장을 덧붙였다. 그는 『종의 기원』 이후인 1871년에 발간된 『인간의 유래(*The Descent of Man*)』에서 이 짧은 문장을 상세히 설명했다. 다윈은 여전히 민감한 주제를 제기하면서 인류학의 이론 구조에 두 개의 기둥을 효과적으로 세웠다. 첫째는 인류가 최초로 어디서 진화했는지와 관련이 있었다(처음엔 그의 말을 믿는 사람이 거의 없었지만 그의 말이 옳았다.). 둘째는 그런 진화의 형태, 또는 방식과 관련된 것이었다. 인류의 진화 방식에 대한 다윈의 견해는 몇 년 전까지만 해도 인류학을 지배했으나, 이제 그의 견해가 틀렸다는 사실이 밝혀졌다.

다윈은 인류의 요람이 아프리카라고 말했다. 그의 추론은 단순했다.

세계의 중요 지역에 분포하는 포유동물의 현생종은 같은 지역에서 진화한 종들과 밀접한 관련이 있다. 따라서 과거에는 아프리카에 고릴라, 침팬지와 밀접한 동류관계에 있는 멸종된 유인원들이 살고 있었을 것이다. 이 두 종은 사람과 가장 유연관계가 가깝기 때문에, 아마도 인류의 초기 선조가 다른 어느 곳보다 아프리카 대륙에 살았을 가능성이 높다.

그러나 다윈이 이 글을 썼을 당시, 초기 인류의 화석은 어디서도 발견된 적이 없다는 사실을 상기할 필요가 있다. 그의 결론은 전적으로 이론에 근거한 것이었다. 다윈이 살던 시기에 알려진 사람 화석은 유럽의 네안데르탈인 시기의 것밖에 없었다. 그리고 네안데르탈인 시기는 인간의 역사에서 비교적 후기 단계에 해당한다.

인류학자들은 다윈의 견해를 몹시 싫어했다. 그 이유는 특히 열대 아프리카를 식민주의적인 경멸감으로 바라보았기 때문이다. 검은 대륙이 호모 사피엔스와 같은 고상한 생물의 기원에 적합한 곳일 수 없었다. 세기가 바뀌면서 유럽과 아시아에서 사람 화석이 추가로 발견되기 시작하자 아프리카 기원 가설은 더욱 경멸을 받았다. 이런 식의 태도가 수십 년간 널리 퍼졌다.

1931년, 나의 아버지는 케임브리지 대학교의 저명한 스승들에게 동아프리카에서 인류의 기원을 찾아볼 계획이라고 말했다. 이때 아버지는 생각을 바꿔 아시아에 초점을 맞춰 보라는 엄청난 압력을 받았다. 아버지 루이스 리키의 확신은 일부 다윈의 주장에 바탕을 두고 있었으며, 부분적으로는 자신이 케냐에서 태어나고 자랐다는 사실에 근거한 것임이 분명했다. 그는 케임브리지 학자들의 충고를 무시하고, 계속 동아프리카를 인간의 초기 진화의 역사에서 중요한 지역으로 설정했다.

아프리카 대륙에서 수많은 초기 인류의 화석이 발견된 오늘날에는 인류학자들이 보였던 반(反)아프리카 정서가 이상하게 느껴진다. 또한 그 일화는 과학자들이 이성만큼이나 감정의 지배를 받는다는 사실을 일깨워 준다.

다윈이 『인간의 유래』에서 내린 두 번째 결론은, 사람을 다른 동물과 구별해 주는 중요한 특징, 즉 대지를 딛고 선 두 다리와 기술 능력, 뇌 용량의 증가 등은 한꺼번에 진화했다는 것이다. 그는 다음과 같이 썼다.

　　자유로운 손과 팔이 있고 발을 이용해 설 수 있다는 특징이 사람에게 이점이 된다면…… 다른 어느 동물보다 뚜렷한 직립 보행을 하고 두 발을 가졌다는 사실이 인류의 선조에게 훨씬 더 큰 이익을 주었을 것이라고 생각한다. 손과 팔이 습관적으로 몸무게를 지탱하는 데 쓰이는 한…… 또는 나무 오르기에 각별히 적합하게 되어 있는 한, 손과 팔이 무기를 만들 수 있을 만큼 또는 실제 목표물을 겨냥해 돌을 던지고 창을 찌를 수 있을 만큼 완벽하게 발달하지는 못했을 것이다.

이 책에서 다윈은 직립 보행의 진화가 석기 무기의 제조와 직접 관련이 있다고 주장하고 있다. 그는 더 나아가 이러한 진화적 변화가 사람의 송곳니의 기원과 연관된다고 말했다. 사람의 송곳니는 단도처럼 날카로운 유인원의 송곳니에 비하면 매우 작다. 그는 『인간의 유래』에서 이렇게 쓰고 있다.

인간의 초기 선조는…… 아마 커다란 송곳니를 가지고 있었을 것이다. 그러나 점차 적이나 경쟁 상대와 싸울 때 돌이나 몽둥이 또는 다른 무기를 쓰는 습관이 생기면서 인간의 조상들은 턱과 치아를 덜 쓰게 되었고, 그러는 동안 치아와 함께 턱의 크기도 작아졌을 것이다.

다윈의 주장에 따르면, 이처럼 무기를 휘두르는 두 발 동물들은 더욱 강력한 사회적 상호 작용을 발전시켰고, 그에 따라 더 높은 지능이 필요해졌다. 인간의 조상이 더욱 총명해지자 기술적·사회적 소양은 더욱 발전했다. 이에 따라 다시 더 높은 지능이 필요해졌다. 각각의 특징이 다른 특징을 발전시키면서 더욱 큰 발전이 이루어졌다. 연쇄 진화라는 이러한 가정은 인간의 기원에 대한 매우 분명한 시나리오였으며, 인류학이라는 과학의 발전에 중추적인 역할을 했다.

이 시나리오에 따르면, 최초의 사람종은 단지 두 발을 가진 유인원 이상이었다. 이미 그 종은 우리가 호모 사피엔스의 특징이라고 평가하는 특징들 가운데 일부를 가지고 있었던 셈이다. 그런 설명은 강력하고 그럴듯해서 인류학자들은 오랫동안 그것을 중심으로 설득력 있는 가정들을 짜맞추었다. 그러나 그 시나리오는 과학이 아니었다. 즉 사람과 유인원의 진화적 분화가 극히 초기에 갑작스럽게 일어났다고 본다면, 사람과 사람 이외의 동물 사이에는 현저한 격차가 벌어지게 된다. 호모 사피엔스가 다른 동물과는 근본적으로 다르다고 확신하는 사람들은 이러한 관점에서 위안을 얻었다.

　　그러한 확신은 다윈 시대의 학자들에게는 흔한 일이었으며, 20세기에 들어와서도 마찬가지였다. 예를 들면, 19세기 영국 박물학자인 앨프리드 러셀 월리스(Alfred Russel Wallace)는 다윈과는 독립적으로 자연선택설을 주장했는데, 그는 우리가 가장 높이 평가하는 인류의 특징에 자연선택설을 적용하기를 망설였다. 그는 단순한 자연선택의 산물이라 하기에는 인간이 너무나 지적이고 정교하고 복잡하다고 생각했다. 그의 추론에 따르면, 원시 시대의 수렵·채집인들은 이러한 특징을 발전시킬 만한 생물학적 필요성을 갖지 않았을 것이고, 따라서 자연선택을 통해 그러한 특징이 생겨날 수 없었다는 것이다. 그는 분명 초자연적인 힘이 개입해서 인간을 독특한 존재로 만들었다고 생각했다. 월리스가 자연선택의 능력에 확신을 보이지 않자 다윈은 크게 당혹스러워했다.

　　스코틀랜드의 고생물학자인 로버트 브룸(Robert Broom)은 1930년대와 1940년대에 남아프리카에 대한 선구적인 업적으로 아프리카를 인류의 요람으로 자리 매김하는 데 이바지한 사람이다. 그 역시 인간의 특수성을 강력하게 옹호하는 견해를 표명했다. 그는 호모 사피엔스는 진화의 궁극적인 산물이며, 나머지 생물은 호모 사피엔스의 편리를 위해 만들어진 것이라고 믿었다. 월리스와 마찬가지로 브룸은 인류의 기원에는 초자연적인 힘이 개입했다고 보았다.

월리스와 브룸 같은 과학자들은 이성과 감정이라는 서로 상반되는 힘 사이에서 갈등했다. 그들은 호모 사피엔스가 궁극적으로 진화 과정을 통해 자연에서 생겨난 것이라는 사실을 받아들였다. 그러나 인간에게는 본질적인 정신성, 즉 초월적 본질이 있다고 믿었기 때문에 그들은 이 인간의 특수성을 유지하는 진화론을 구축했다.

다윈의 주장은 10여 년 전까지만 해도 영향력이 있었으며, 실제로 사람이 최초로 등장한 시기를 둘러싼 논쟁의 주된 원천이기도 했다. 나는 그 논쟁을 간략하게 설명할 것이다. 왜냐하면 그것을 통해 연쇄 진화라는 다윈의 가정이 어떤 점에서 사람들의 마음을 끌었는지 알 수 있기 때문이다. 또한 그것은 다윈의 주장이 인류학에 미친 영향력이 끝났다는 것을 뜻하기도 한다.

1961년 당시 예일 대학교에서 연구 중이던 엘윈 시몬스(Elwyn Simons)는 획기적인 과학 논문을 발표했다. 그는 논문에서 라마피테쿠스(*Ramapithecus*)라는 이름의 자그마한 유인원 비슷한 생물이 그때까지 알려진 최초의 호미니드 종이라는 의견을 표명했다. 당시 알려진 라마피테쿠스의 유일한 화석은 1932년 인도에서 예일 대학교의 젊은 연구자인 G. 에드워드 루이스(G. Edward Lewis)가 발굴한 위턱의 일부분뿐이었다.

시몬스는 유인원의 이빨처럼 뾰족하지 않고 납작한 점에서 라마피테쿠스의 어금니(앞어금니와 뒤어금니)가 사람과 어느 정도 비슷하다고 보았다. 그리고 그는 송곳니가 유인원보다 짧고 무디어져 있다는 사실을 알아냈다. 또한 시몬스는 완전하지 않은 위턱을 다시 짜맞출 수 있다면 모양이 사람과 비슷해 오늘날의 유인원처럼 U자 모양이 아니라 뒤쪽으로 가면서 조금씩 넓어지는 아치형임을 알 수 있을 것이라고 주장했다.

이때 케임브리지 대학교의 영국인 인류학자인 데이비드 필빔(David Pilbeam)이 예일 대학교의 시몬스의 연구에 합류했다. 두 사람은 사람과 비슷하다고 여겨지는 라마피테쿠스 턱의 해부학적 특징을 설명하기 위해 노력했다. 그러나 그들은 해부학적 구조를 뛰어넘어, 턱의 파편만을 근거로 라마피테쿠스가 똑바로 서서 두 발로 걷고, 사냥을 하고, 복잡한 사회 환경에서 살았다는 학설을 제안했다. 그들의 추론은 다윈의 추론과 비슷했다. 즉 호미니드의 특징이라고 추론되는 한 가지 사실(치아 모양)이 확인되면 다른 모든 사실도 알 수 있다는 식이었다. 따라서 최초의 호미니드 종이라고 여겨지는 동물은 문화적 동물로 간주되었다. 이를테면 그들은 문화가 없는 유인원이 아니라 현생 인류의 원시판인 셈이었다.

최초의 라마피테쿠스 화석이 발굴된 퇴적물은, 이후 아시아와 아프리카에서 비슷한 발견이 이루어진 퇴적물과 마찬가지로 고대의 것이었다. 따라서 시몬스와 필빔은 최초의 사람이 적어도 1500만 년 전에, 혹은 3000만 년 전에 등장했을 가능성이 있다는 결론을 내렸다. 이러한 견해는 인류학자들의 폭넓은 지지를 받았다. 나아가 그처럼 아득한 과거에 인류의 기원이 시작되었다는 믿음은 사람과 다른 생물 사이에 만족할 만한 거리를 만들어 줌으로써 많은 사람의 환영을 받았다.

1960년대 말에 캘리포니아 대학교 버클리 분교의 두 생화학자 앨런 윌슨(Allan Wilson)과 빈센트 사리히(Vincent Sarich)가 최초의 사람종이 진화한 시기에 대해 매우 다른 결론에 도달했다. 그들은 화석을 통한 연구 대신, 살아 있는 사람과 아프리카 유인원에서 추출한 혈액 단백질의 구조를 비교했다. 그들의 목적은 사람과 유인원의 단백질에서 확인할 수 있는 구조적 차이가 어느 정도인지 밝히는 것이었다. 그 차이는 돌연변이의 결과로 시간이 지남에 따라

계산 가능한 비율로 늘어난다. 사람과 유인원이 오래전에 분리되었을수록 그동안 축적된 돌연변이의 횟수는 많을 것이다. 돌연변이율을 계산한 월슨과 사리히는 이 혈액 단백질 데이터를 분자시계로 이용할 수 있었다.

그 분자시계에 따르면 최초의 사람종은 기껏 약 500만 년 전에 진화했다. 그것은 유력한 인류학 이론이 추정하는 1500만~3000만 년 전과는 엄청난 차이가 있었다. 또한 월슨과 사리히의 데이터에 따르면 사람, 침팬지, 고릴라의 혈액 단백질은 거의 균등한 차이를 나타냈다. 즉 500만 년 전에 어떤 진화적 사건이 일어나 공통 조상이 동시에 세 방향으로 분화된 것이다. 이 분화로 현생 인류뿐 아니라 현생 침팬지, 현생 고릴라의 진화가 함께 일어났다.

과거의 지식에 따르면, 침팬지와 고릴라는 사람과 가장 가까운 친척 사이였으나 사람과는 상당히 거리가 떨어져 있었다. 분자시계의 해석이 맞는다면, 인류학자들은 사람과 유인원의 관계가 대부분의 학자들이 믿는 것보다 훨씬 가깝다는 사실을 받아들여야 할 터였다.

그 결과 격렬한 논쟁이 터져 나왔다. 인류학자들과 생화학자들은 서로의 전문 기법을 신랄한 언사로 비판했다. 월슨과 사리히의 결론은 특히 분자시계가 변덕스러워 지나간 진화적 사건의 정확한 시간을 알려 줄 수 있을 만큼 믿음직하지 않다는 이유로 비판을 받았다. 윌슨과 사리히는 인류학자들이 단편적인 해부학적 특징에 지나치게 해석의 무게를 두고 있기 때문에 잘못된 결론에 도달했다고 주장했다. 나는 당시 인류학계의 편을 들어 윌슨과 사리히가 틀리다고 믿었다.

논쟁은 10년이 넘게 계속되었다. 그동안 윌슨과 사리히, 그리고 다른 연구자들이 독자적으로 더욱 많은 분자적 증거를 찾아냈다. 이 새로운 데이터들의 절대다수는 윌슨과 사리히의 최초 주장을 뒷받침했다. 이러한 증거가 쌓이자 인류학자들의 견해는 바뀌기 시작했지만, 그 변화는 무척이나 느렸다. 마침내 1980년대 초, 필빔과 그의 연구진이 파키스탄에서, 그리고 런던 자연사박물관의 피터 앤드루스(Peter Andrews)와 그의 동료들이 터키에서 훨씬 더 완전한 라마피테쿠스 종의 화석을 발견하자 마침내 논쟁은 종지부를 찍었다 그림 2.

실제로 라마피테쿠스 화석은 몇 가지 점에서 사람과 비슷하다. 그러나 그 종은 사람이 아니었다. 매우 단편적인 증거를 바탕으로 진화적 연관을 추론하는 일은 대부분의 사람들이 생각하는

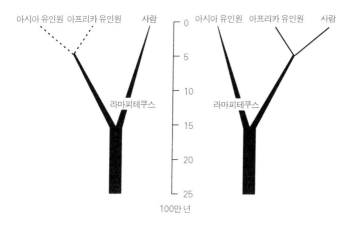

그림 2

분자생물학적 진화 계통수. 1967년 이전에 인류학자들은 화석 증거가 극히 먼 과거에, 적어도 1500만 년 전에 인간과 유인원 사이에 진화적 분화가 일어났다는 사실을 보여 주고 있다고 해석했다. 그러나 그해, 그러한 분화가 훨씬 더 최근인 약 500만 년 전에 일어났다는 분자생물학적 증거가 제시되었다. 인류학자들은 새로운 증거를 받아들이지 않으려고 했지만, 결국은 받아들이지 않을 수 없었다.

것보다 훨씬 어렵다. 그리고 신중치 못한 경우 많은 함정이 기다리고 있다. 시몬스와 필빔은 바로 그런 함정에 빠진 것이다. 해부학적으로 비슷하다고 해서 명쾌하게 진화적인 유연관계가 있다고 할 수는 없다.

　　파키스탄과 터키에서 완벽한 종이 발굴되면서 사람의 특징이라고 추정한 것이 사실은 피상적인 관찰임이 드러났다. 라마피테쿠스의 턱은 아치형이 아니라 V자형이었다. 이 특징은 다른 특징과 함께 라마피테쿠스가 원시 유인원의 한 종임을 나타낸다(현대 유인원의 턱은 U자형이다.). 라마피테쿠스는 이후에 나타난 라마피테쿠스의 친척인 오랑우탄처럼 나무에서 살았으며, 두 발을 가진 유인원이 아니었다. 더구나 원시적인 수렵·채집인이 아니었다.

라마피테쿠스를 호미니드라고 보는 완고한 인류학자들조차 윌슨과 사리히의 주장이 옳다는 새로운 증거가 나오자 손을 들고 말았다. 두 발을 가진 최초의 종, 즉 사람과의 창립 멤버는 먼 과거가 아니라 비교적 최근에 진화했던 것이다.

윌슨과 사리히가 맨 처음 자신들의 학설을 발표할 당시에는 사람이 진화한 사건이 500만 년 전에 일어난 것으로 알려졌지만, 최근의 분자생물학적 증거에 따르면 그 시점이 700만 년 전쯤으로 거슬러 올라간다. 그렇지만 사람과 아프리카 유인원 사이에 생물학적 유연관계가 있다는 설은 조금도 후퇴하지 않는다. 오히려 양자의 관계는 처음 생각했던 것보다 훨씬 깊을 수도 있다.

일부 유전학자들은 분자 데이터가 사람, 침팬지, 고릴라 사이에 동등한 세 갈래 분화가 일어났음을 나타낸다고 믿지만, 이를 다르게 보는 유전학자들도 있다. 후자의 견해에 따르면, 고릴라가 진화선에서 더 멀리 떨어져 있었던 반면, 사람과 침팬지가 가장 가까운 친척 사이라고 한다.

라마피테쿠스 사건은 두 가지 점에서 인류학에 변화를 가져왔다. 첫째, 해부학적 특징을 공유한다고 해서 진화적으로 유연관계에 있다고 추론하는 것은 위험한 일임을 보여 주었다. 둘째, 다윈이 주장한 "한꺼번에 이루어진 진화(사람의 여러 가지 능력이 동시에 진화했다는 다윈의 주장—옮긴이)"라는 개념에 맹목적으로 집착하는 것은 어리석은 일임을 보여 주었다.

시몬스와 필빔은 송곳니의 모양을 근거로 라마피테쿠스에게 완벽한 생활양식을 부여했다. 즉 호미니드의 특징이 한 가지 있으면, 다른 '모든' 호미니드의 특징이 함께 존재할 것이라는 식으로 가정했다. 호미니드로서의 라마피테쿠스의 지위가 위협을 받게 되자, 인류학자들은 다윈의 "한꺼번에 이루어진 진화"에 의구심을 품기 시작했다.

이러한 인류학의 혁명 과정을 쫓아가기 전에 우리는 여러 해동안 최초의 호미니드 종이 형성된 과정을 설명하는 이론으로 제안된 몇 가지 가정을 간략히 검토해 봐야 한다. 새로운 가정이 대중적인 인기를 얻을 때, 때로는 그 현상이 당시의 사회 환경을 반영하기도 한다는 사실은 무척 흥미롭다. 예를 들어, 다윈은 돌로 된 무기 제작이 기술과 두 발 보행, 뇌 용량의 증가라는 여러 가지 진화를 한꺼번에 일으키는 데 중요한 역할을 했다고 보았다. 그 가정은 인생이 전쟁이며, 창의성과 노력을 통해 진보가 이루어진다는 당시 널리 퍼진 관념을 명백히 반영하는 것이다. 이 빅토리아 사조는 과학에도 도입되어 인간의 진화를 포함한 진화 과정을 바라보는 관점을 규명했다.

20세기 초 수십 년 동안 에드워드 왕조 시대의 낙관주의가 한창일 무렵에는 뇌와 고도의 사고 능력을 인간의 특징이라고 보았다. 이처럼 지배적인 세계관은 인류학자들 사이에서도 인간의 진화는 맨 처음에 두 발 보행이 아니라 뇌 용량의 증가를 통해 이루어진 것이라는 관념으로 나타났다. 1940년대의 세계는 기술의 마력에 사로잡혀 있었다. 따라서 '도구를 만드는 사람'이라는 가정이 널리 유행했다.

런던 자연사박물관의 케네스 오클리(Kenneth Oakley)가 제안한 이 가정에 따르면, 무기가 아니라 석기의 제작과 사용을 통해 인간의 진화가 이루어졌다고 한다. 그리고 세계가 제2차 세계 대

전의 포연에 휩싸여 있을 당시에는 사람과 유인원을 구분하려는
음울한 정의가 강조되었다. 즉 같은 인간에 대한 폭력이라는 정의
가 그것이다. '킬러 유인원으로서의 사람'이라는 개념은 오스트레
일리아의 해부학자 레이먼드 다트(Raymond Dart)가 처음 제안한 것
인데, 폭넓은 지지를 받았다. 전쟁의 끔찍한 참상을 잘 설명해(또는
변명해) 줄 수 있었기 때문일 것이다.

　　1960년대가 되자 인류학자들은 수렵·채집 생활 방식을 인
간 기원의 열쇠로 보는 쪽으로 생각이 기울었다. 몇몇 연구진들이
특히 아프리카에서 사는, 기술 수준이 원시적인 현대인들을 연구
한 적이 있었다. 그 가운데 가장 유명한 종족으로는 쿵산 족(!Kung
San. 부정확하게는 부시먼이라고 한다.)이 있다. 그 연구를 통해 자연과
조화된, 즉 자연을 존중하는 한편 복잡한 방식으로 자연을 이용하
는 인간상이 얻어졌다. 이러한 관찰은 당시의 환경 결정론과 잘 맞
아떨어지는 것이었다. 그러나 어쨌든 인류학자들은 사냥과 채집
이 혼합된 경제의 복잡성과 경제적 안정성에 깊은 인상을 받았다.
하지만 사냥 쪽이 더욱 강조되었다.

　　1966년, '사냥하는 사람'이라는 주제를 내건 주요한 인류학
회의가 시카고 대학교에서 열렸다. 채집의 가장 중요한 측면은 단

순성이었다. 즉 사람을 사람으로 만들어 준 것은 사냥이라는 것이다. 사냥은 일반적으로 기술 수준이 가장 원시적인 사회에서 남성들이 맡은 역할이었다. 따라서 1970년대에 여성 문제에 대한 인식이 높아지자 인간의 기원에 대한 남성 중심의 설명에 대해 이의가 제기된 것은 그다지 놀라운 일이 아니었다.

대안으로 제안된 '채집자로서의 여성'이라는 가정에 따르면, 모든 영장류 종에서처럼 사회의 핵심은 여성과 자식 사이의 결속 관계였다는 것이다. 그리고 그것은 기술을 발명하고 먹을 것(주로 식물)을 채취할 때 나타나는 여성의 주도성이었다. 복잡한 인간 사회의 형성으로 이어지는 모든 과정에서 여성은 항상 주도적인 역할을 했다. 또는 그렇게 주장되었다.

이러한 가정들은 무엇을 인간 진화의 주요한 원동력으로 보는가에 상당한 차이가 있었지만, 모두 인간의 고유한 특징으로 간주되는 능력들이 처음부터 동시에 진화되었다는 다윈의 진화 개념을 공통으로 가지고 있었다. 즉 여전히 최초의 호미니드 종은 어느 정도의 두 발 보행, 기술, 확장된 뇌를 가지고 있다고 보았다. 따라서 호미니드에 속하는 동물은 처음부터 문화적 동물이었다. 다시 말해서, 나머지 동물과는 다른 독특한 성질을 가진 셈이다. 그러나 최근 들어 우리는 그렇지 않다는 사실을 알게 되었다.

다윈의 가정이 부적절하다는 구체적인 증거는 고고학 기록에서 찾아볼 수 있다. 다윈의 동시 진화라는 개념이 옳다면 두 발 보행, 기술, 뇌 용량의 증가라는 증거는 고고학과 화석 기록에서 동시에 나타나야 할 것이다. 그러나 실제로는 그렇지 않았다. 선사 시대 기록 중에서 한 가지만 살펴보아도 그의 가정이 틀렸다는 사실을 알 수 있다. 석기에 대한 기록이 그것이다.

화석이 되는 예가 드문 뼈와는 달리 석기는 시간이 흘러도 거의 파괴되지 않는다. 따라서 선사 시대 기록의 대부분은 이러한 석기로 이루어져 있으며, 그것은 가장 단순한 것에서부터 기술 진보가 어떻게 이루어졌는지 알 수 있는 증거이다.

이러한 석기 ─ 거친 돌 조각, 긁개, 자갈돌의 한쪽 면을 떼어 내어 날을 만든 찍개 ─ 의 가장 초기 사례는 약 250만 년 전의 유물에서 나타나고 있다. 분자생물학적 증거가 정확해서 약 700만 년 전에 최초의 사람종이 출현했다면, 우리 조상이 두 발로 걷게 된 시기와 석기를 만든 시기 사이에는 거의 500만 년이라는 간격이 있는 셈이다. 두 발을 가진 유인원을 형성한 진화적 힘이 무엇이든 그것은 도구를 만들고 쓰는 능력과는 아무런 관련이 없었다.

그러나 많은 인류학자들은 250만 년 전, 기술이 출현한 시기가 뇌 용량이 증가된 시기와 일치한다고 믿고 있다.

뇌 용량의 증가와 기술의 출현이 인류의 기원과 시간적으로 멀리 떨어져 있다는 사실을 깨닫게 되면서, 인류학자들은 자신들의 접근 방법을 재고해 보지 않을 수 없었다. 그 결과 가장 최근의 가정은 문화적인 측면이 아니라 생물학적인 측면에서 이루어졌다. 나는 이것이 건전한 발전이라고 생각한다. 그 이유는 다른 동물의 생태와 행동에 대한 지식과 견주어 봄으로써 그러한 가정을 검증할 수 있기 때문이다. 그렇다고 해서 호모 사피엔스가 여러 가지 고유한 속성을 가지고 있다는 사실을 부정할 필요는 없다. 그 대신 우리는 엄격한 생물학적 측면에서 이러한 속성이 어떻게 출현했는지 그 이유를 밝히려는 것이다.

이러한 이해를 토대로 인간의 기원을 설명하려는 인류학자들은 두 발 보행의 기원에 다시 초점을 맞추게 되었다. 켄트 주립 대학교의 해부학자인 오웬 러브조이(Owen Lovejoy)가 지적한 것처럼, 그런 진화적 변모는 하찮은 사건이 아니었다.

"두 발 보행으로 변한 것은 진화생물학에서 볼 수 있는 해부학 구조의 가장 놀라운 변화 가운데 하나이다." 그는 1988년에 일반인을 대상으로 집필한 논문에서 이렇게 썼다. "뼈와, 뼈에 힘을 주는 근육의 조성과, 팔다리의 움직임에 중요한 변화가 일어났다."

사람과 침팬지의 골반을 한번 보기만 해도 이러한 관찰이 사실임을 확신할 수 있다. 침팬지의 경우 골반이 길쭉한 데 반해 사람은 골반이 옆으로 퍼져 상자처럼 생겼다. 또한 팔다리와 몸통도 큰 차이가 있다그림3.

두 발 보행의 출현은 중요한 생물학적 변화일 뿐만 아니라 중요한 적응 결과이기도 하다. 서문에서 말했듯이, 직립 보행의 등장은 매우 중요한 적응이어서 두 발을 가진 모든 유인원 종을 '사람'이라고 불러도 좋을 정도이다. 그렇지만 이 말이 두 발을 가진 최초의 유인원 종이 어느 정도의 기술, 확장된 지능, 또는 사람과 같은 문화적 속성 중 어느 하나라도 가졌다는 말은 아니다. 분명 그런 뜻은 아니다.

내 말의 요점은 두 발 보행이 진화적 잠재력을—손이 자유로워 언젠가는 도구를 조작할 수 있는 수단이 될 수 있다는—가지고 있기 때문에 우리는 명명법에서 그 중요성을 인식해야 한다는 점이다. 이들 사람종은 우리와 비슷하지 않았다. 그러나 두 발

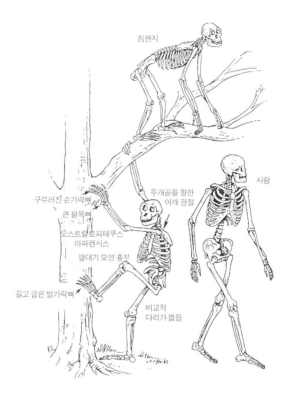

침팬지

사람

구부러진 손가락뼈

큰 팔목뼈

오스트랄로피테쿠스
아파렌시스

깔대기 모양 흉부

길고 굽은 발가락뼈

두개골을 향한
어깨 관절

비교적
다리가 짧음

그림 3

서로 다른 보행 방식. 네 발 보행에서 두 발 직립 보행으로 바뀌기 위해서는 몸의 해부학적 구조가
크게 바뀌어야 했다. 예를 들어, 침팬지나 고릴라와 비교할 때 사람은 다리가 길고 팔이 짧다. 또한
골반이 납작하며, 발가락이 짧고 구부러져 있지 않으며, 허리 부분이 길지 않다. 최초의 호미니드
로 알려진 오스트랄로피테쿠스 아파렌시스는 의심할 나위 없이 두 발을 가졌으나, 나무에 사는 동
물의 몇 가지 해부학적 특징을 그대로 가지고 있었다.

보행의 적응이 없었다면 사람이 될 수 없었을 것이다.

아프리카 유인원의 경우 이러한 새로운 형태의 보행을 촉진한 진화적 요소는 무엇일까? 인간의 기원에 대한 인기 있는 견해를 보면, 때때로 유인원과 비슷한 동물이 숲을 떠나 사방이 트인 사바나로 나아간다는 식의 개념이 들어 있다. 이것은 한 편의 드라마 같지만, 최근 예일과 하버드 대학교의 연구자들이 밝혀냈듯이 아주 정확한 것은 아니다. 그들은 동아프리카 여러 지역 토양의 화학 성분을 분석했다. 아프리카의 사바나는 환경적인 측면에서 비교적 최근에 형성된 것으로, 최초의 사람종이 진화한 이후 상당한 기간이 지난 300만 년 전이 못 되는 시기에 발달한 것이다.

1500만 년 전의 아프리카로 돌아간다고 상상해 보자. 그러면 서쪽에서 동쪽으로 융단을 깔아 놓은 듯한 숲을 볼 수 있을 것이다. 이곳은 원숭이와 유인원의 많은 종을 포함한 다양한 종으로 이루어진 영장류의 서식지였다. 오늘날의 상황과는 대조적으로 유인원 종이 원숭이 종보다 훨씬 많았다. 그러나 지리적 힘이 작용해 그 다음 200만~300만 년 동안 지형과 거주자들을 극적으로 바꾸어 놓았을 것이다.

당시 아프리카 대륙의 동부 지각은 홍해에서 시작해서 현재의 에티오피아, 케냐, 탄자니아를 거쳐 모잠비크에 이르는 선을 따라 갈라지는 중이었다. 그 결과 에티오피아와 케냐 부근의 땅이 물집처럼 부풀어 올라, 고도 270미터가 넘는 산지가 형성되었다. 이 거대한 산지는 대륙의 지형뿐만 아니라 기후도 바꾸어 놓았다. 과거에는 서쪽에서 동쪽으로 일정한 대기의 흐름이 있었는데, 산지 때문에 흐름이 막히면서 동쪽은 비가 적은 지역으로 바뀌었다. 그 결과 숲이 유지될 수 없었다. 나무로 뒤덮였던 지역이 숲 지대, 삼림지, 그리고 관목지 등 모자이크식 환경으로 바뀌었다. 그러나 사방이 트인 초원 지대는 아직 드물었다.

약 1200만 년 전, 지각판의 힘이 계속 작용해서 환경을 바꾸었다. 그 결과 그레이트 리프트 밸리라고 알려진, 북쪽에서 남쪽으로 달리는 물결 모양의 긴 계곡이 형성되었다. 그레이트 리프트 밸리가 생기면서 두 가지 생물학적인 효과가 나타났다. 동물군들에게 거대한 동서 장벽이 형성된 것이다. 나아가 생태 조건의 다양한 모자이크는 더욱 발달되었다.

프랑스의 인류학자인 이브스 코펜스(Yves Coppens)는 동서 장벽이 사람과 유인원의 분리 진화에 결정적이었다고 믿고 있다. 그는 최근에 이렇게 썼다. "환경의 힘에 의해 '사람'과 '유인원'의 공

통 조상들이……나뉘게 되었다.""이 공통 조상의 서쪽에 사는 후
손들은 습기가 많고, 나무에 사는 생활환경에 적응하는 쪽을 추구
했다. 이들이 '유인원'이다. 같은 조상을 갖는 동쪽에 사는 후손들
은 사방이 트인 환경에서 새로운 생활에 적응하기 위해서 그 반대
로 전혀 새로운 것을 발명했다. 이들이 '사람'이다." 코펜스는 이
시나리오에 '동부 이야기'라는 제목을 붙였다.

　이 그레이트 리프트 밸리에는 차가운 숲으로 이루어진 고원
이 있는 매우 높은 산지가 있었고, 해발 1000미터에 달하는 지역
과 뜨겁고 건조한 저지대를 연결하는 깎아지른 듯한 경사면이 있
었다. 생물학자들은 여러 가지 서식지를 제공하는 이러한 모자이
크 환경 때문에 진화가 촉진된다는 사실을 알아냈다.

　한때 널리 퍼지고 계속 생존했던 한 종의 개체군이 격리되거
나 자연선택이라는 새로운 힘에 노출되었는지도 모른다. 그러한
것이 진화적 변화를 설명할 수 있는 방안이다. 이따금 유리한 환경
이 사라지면 그러한 변화는 잊혀졌다. 이것이 대부분의 아프리카
유인원의 운명임이 분명했다. 그중에서 세 종만이 오늘날까지 살
아남았다. 고릴라, 보통의 침팬지, 그리고 피그미침팬지가 그것이
다. 그러나 대부분의 유인원 종이 환경 변화에 고통을 당한 반면,

한 종은 새로운 환경에 적응하는 축복을 받았으며, 그 결과 살아남아 번성할 수 있었다. 이것이 두 발을 가진 최초의 유인원이었다. 두 발을 가진다는 것은 변화한 환경에서 중요한 생존 이점이 되었음이 분명했다. 이러한 이점이 무엇인지 밝히는 것이 인류학자의 과제이다.

인류학자들은 인간 진화에서 차지하는 두 발 보행의 중요성을 다음 두 가지 면에서 생각하는 경향이 있다. 하나는 물건을 옮길 수 있도록 손이 자유로워진 점을 강조하는 학파이다. 다른 하나는 두 발 보행이 에너지 사용에서 훨씬 효율적인 보행 방식이라는 점을 강조하는 학파이다. 그리고 물건을 나르는 능력은 단지 직립 자세의 우연적인 산물에 불과하다고 주장한다.

이러한 두 가지 가정 가운데 첫 번째 것은 오웬 러브조이가 1981년 《사이언스(*Science*)》에 실린 논문에서 제안했다. 그의 주장에 따르면, 두 발 보행은 비효율적인 보행 방식이기 때문에 물건을 나를 수 있는 능력을 위해 진화한 것이 분명했다. 그렇다면 물건을 나르는 능력은 어떻게 두 발을 가진 유인원이 다른 유인원보다 경쟁에서 우위에 서게 만들 수 있었을까?

궁극적으로 진화의 성공은 살아남을 수 있는 자손을 생산할 수 있는가에 달려 있다. 그리고 러브조이의 제안에 따르면, 그 답은 이 새로운 능력을 통해 수컷 유인원이 암컷을 위해 먹을 것을 채취해 줌으로써 암컷 유인원의 생식률을 높여 주었다는 것이다. 그는 유인원이 재생산에 많은 시간이 필요하기 때문에 4년에 한 번씩, 한 배에 한 마리의 새끼를 가진다는 사실을 지적했다. 사람의 경우 여성이 더욱 많은 에너지, 즉 음식을 얻을 수 있다면 더 많은 자손을 낳을 수 있을 것이다. 수컷이 암컷과 새끼들을 위해 먹을 것을 구해 암컷에게 더 많은 에너지를 제공할 수 있다면, 암컷은 생식 능력을 높일 수 있을 것이다.

수컷의 활동에는 또 다른 생물학적 중요성이 있었을 것이다. 그것은 사회적 영역에서의 중요성이다. 수컷의 입장에서는 암컷이 자신의 새끼들을 생산하고 있다는 확신이 없는 한 암컷에게 먹을 것을 공급해도 다윈적 의미에서 이득이 되지 않을 것이기 때문에, 러브조이는 최초의 사람종은 일부일처제였을 것이라고 주장했다. 그리고 생식의 성공률을 높이는 방법으로 핵가족이 출현함으로써 다른 유인원보다 경쟁에서 우위에 섰다는 것이다.

나아가 그는 생물학적 비유를 들어 자신의 주장을 뒷받침했다. 예를 들어, 대부분의 영장류의 경우 수컷들은 가능한 한 많은 암컷을 성적으로 지배하기 위해 서로 경쟁을 벌인다. 때로는 이 과정에서 서로 싸우기도 한다. 그들은 선천적으로 커다란 송곳니를 갖고 있어서 이를 무기로 쓴다. 그런데 긴팔원숭이는 수컷·암컷 짝을 이루고 있으며, 수컷이 작은 송곳니를 가진다는 점에서 드문 예에 속한다. 아마도 서로 싸울 이유가 없기 때문에 수컷의 송곳니는 크게 발달하지 않았을 것이다.

러브조이는 최초의 사람에게서 나타나는 작은 송곳니가 그들이 긴팔원숭이처럼 수컷·암컷 짝을 이루고 있었다는 증거인지도 모른다고 주장했다. 음식 공급 관계라는 사회적·경제적 결속 관계는 거꾸로 뇌 용량의 증가를 가져왔을 것이다.

러브조이의 가정은 폭넓은 관심과 지지를 받았는데, 문화적인 논점이 아니라 근본적인 생물학적 논점에 호소하고 있기 때문에 설득력이 있다. 그러나 약점도 있다. 첫째는 일부일처제가 원시적인 기술 수준을 가진 사람들에게는 흔한 사회 현상이 아니라는 것이다(그런 사회의 경우 20퍼센트만이 일부일처제이다.). 따라서 그의 가정은 수렵·채집인들의 특징이 아니라 서구 사회의 특징에 근거한 것 같다는 측면에서 호된 비판을 받았다.

두 번째 비판은 훨씬 심각한 것으로 생각되는데, 현재까지 알려진 초기 사람종의 수컷은 암컷보다 몸이 약 두 배나 컸다는 사실이다. 이제까지 연구된 영장류의 모든 종에서 나타나는 동종이형(同種異形)이라는 몸 크기의 현격한 차이는 일부다처제와 관련이 있다는 점이다. 즉 암컷을 차지하기 위해 수컷들끼리 경쟁을 벌여야 했다는 뜻이다. 동종이형은 일부일처제 종에서는 나타나지 않는다.

나는 이 사실 한 가지만으로도 이 유망한 이론적 접근법을 침몰시키기에 충분하며, 일부일처제가 아니라 작은 송곳니를 설명할 수 있는 다른 학설을 찾아야 할 것이라고 생각한다. 한 가지 설명으로 음식을 씹는 메커니즘에 음식물을 써는 동작이 아니라 가는 동작이 필요하다는 점을 들 수 있다. 커다란 송곳니는 그런 동작에 걸림돌이 될 것이다. 오늘날 러브조이의 가정은 10년 전과 비교할 때 지지자들의 숫자가 줄어들었다.

두 번째 두 발 보행 이론은 훨씬 더 설득력이 있다. 그 이유는 부분적으로 그 이론이 단순하기 때문이다. 이 이론은 캘리포니아 대학교의 인류학자 피터 로드먼(Peter Rodman)과 헨리 맥헨리(Henry McHenry), 그리고 데이비스가 제안한 것으로, 그 가정에 따르면 두 발 보행은 더 효율적인 보행 수단을 제공하기 때문에 변화된 환경 조건에 유리하다는 것이다. 숲이 줄어들어 삼림 서식지의 음식 자원, 이를테면 과일나무가 너무 넓은 지역에 흩어지게 되어 종래의 유인원은 효율적으로 따 먹을 수 없었을 것이다.

이러한 가정에 따르면, 두 발을 가진 최초의 유인원은 보행 방식만을 볼 때 사람이었다. 그들의 손, 턱, 그리고 치아는 유인원과 비슷했을 것이다. 일상적인 음식물은 바뀌지 않고 그것을 획득하는 방식만 달라졌기 때문이다.

많은 생물학자들은 처음에 이 학설을 중요시하지 않았다. 몇 년 전에 하버드 대학교의 연구자들은 두 발로 걷는 방식이 네 발로 걷는 것보다 비효율적이라는 사실을 보여 준 적이 있었다(이것은 개나 고양이를 기르는 사람들에게는 놀라운 일이 아니다. 두 동물 모두 주인이 쩔쩔맬 정도로 주인보다 훨씬 빨리 달린다.). 그들은 사람의 두 발 보행 에너지 효율과 말과 개의 에너지 효율을 비교했다.

그러나 로드먼과 맥헨리는 사람과 챔팬지 사이에 비교가 이루어져야 적절하다는 점을 지적했다. 따라서 그들은 두 발 보행을 선호하는 방향으로 작용하는 자연선택의 원동력을 에너지 효율성에서 찾는 것이 설득력 있는 주장이라는 결론을 내렸다.

두 발 보행으로의 진화를 충동하는 요소들에 대한 다른 학설도 많이 있다. 예를 들면, 포식자를 감시하기 위해 키 큰 풀 사이를 훑어볼 필요성, 또는 낮 시간에 먹을 것을 찾아 돌아다니는 동안 열을 식히기 위해 좀 더 효율적인 자세를 취할 필요성 등이 그것이다.

모든 학설 가운데 나는 로드먼과 맥헨리의 학설이 가장 설득력 있다고 본다. 왜냐하면 그들의 주장이 확고한 생물학적 뒷받침을 가지고 있고, 최초의 사람종이 진화할 때 일어났던 생태 변화와도 맞아떨어지기 때문이다. 그 가정이 옳다면, 최초의 사람종의 화석을 찾았을 때 그 뼈가 어느 부분인가에 따라 우리가 그 화석을 최초의 사람종으로 인식하지 못할 가능성도 있다. 골반이나 손뼈인 경우에는 직립 보행 방식을 확인할 수 있을 것이며, '사람'이라고 말할 수 있을 것이다. 그러나 두개골, 턱, 또는 치아의 일부분을 찾아내는 경우에는 유인원의 그것과 비슷할 수도 있다. 우리는 그것이 두 발을 가진 유인원의 것인지, 아니면 전통적인 유인원의 것인지 어떻게 알 수 있을까? 그것은 흥미로운 문제이다.

최초의 사람의 행동을 관찰하기 위해 700만 년 전의 아프리카를 갈 수 있다면, 인류학자들보다는 유인원과 원숭이의 행동을 연구하는 영장류 동물학자들이 더 잘 알고 있는 유형을 발견하게 될 것이다. 원시 인류는 현대의 수렵·채집인들처럼 먹을 것을 찾아

떠돌아다니는 가족 밴드(소규모 무리 — 옮긴이)를 구성하기보다는 사바나의 비비 원숭이처럼 살았을 것이다. 30여 개체들로 이루어진 무리는 넓은 지역에서 협조적인 방식으로 먹이를 찾아 나설 것이며, 밤이면 낭떠러지나 나무숲과 같은 잠자리로 돌아올 것이다. 성숙한 암컷과 그 새끼들이 무리의 대부분을 이루며, 수컷은 소수에 불과할 것이다. 수컷들은 계속 짝짓기를 할 기회를 노릴 것이고, 뛰어난 능력을 가진 수컷이 성공을 거둘 것이다. 미성숙한 수컷들과 지위가 낮은 수컷들은 무리 주변에 머물며, 때로는 혼자 먹을 것을 찾아 나설 것이다. 무리의 개체들은 사람처럼 두 발로 걷고 있겠지만 사바나 영장류처럼 행동할 것이다. 그들 앞에는 700만 년의 진화가 놓여 있는 것이다.

　앞으로 살펴보게 되겠지만, 진화의 유형은 복잡하고 확실치 않다. 왜냐하면 자연선택은 당면한 환경에 대해 작동할 뿐 결코 장기적인 목표를 갖지 않기 때문이다. 호모 사피엔스는 마침내 최초의 사람 후손으로 진화했다. 그러나 그 과정에 있어서 필연적인 요소란 아무것도 없었다.

2
인류의 조상들

내 계산에 따르면 사람종 개체의 화석 표본은 적어도 1,000개는 된다. 종류도 다양하고 보존 상태도 천차만별이다. 이 표본들은 남아프리카와 동아프리카에서 고고학 기록의 초기 부분, 즉 400만 년 전부터 거의 100만 년 전까지 시기의 유물에서 발굴되었다(그 후 시기의 기록에서는 훨씬 더 많은 표본이 발견되었다.). 유라시아에서 발견된 가장 오래된 사람 화석은 거의 200만 년 전의 화석일 것이다(남북아메리카와 오스트레일리아에서는 그보다 훨씬 후에, 즉 각기 대략 2만 년 전과 5만 5000년 전에 사람이 살기 시작했다.). 따라서 선사 시대 사람들의 활동은 대부분 아프리카에서 이루어졌다고 해도 틀리지 않을 것이다.

　이러한 활동에 대해 인류학자들이 대답해야 하는 문제는 두 가지이다. 첫째로, 700만 년 전과 200만 년 전 사이에 사람의 계통수에 어떤 종이 살았으며 어떤 생활을 했는가? 둘째로, 진화 과정의 매 시기와 연관되어 어떤 종들이 있었는가? 즉 계통수의 형태는 어떤 모습이었는가?

　　동료 인류학자들은 이러한 문제를 해결하려는 시도에서 두가지 도전에 직면하고 있다. 첫 번째는 다윈이 말한 "지질학 기록의 극단적인 불완전성"이다. 『종의 기원』에서 다윈은 기록의 엄청난 공백을 설명하는 데 한 장(章) 전체를 할애하고 있다. 그것은 화석화 과정에 변덕스러운 자연의 힘이 작용하고, 묻혔던 뼈가 시간이 흐른 다음 노출되기 때문이다. 순식간에 땅 속에 묻혀 뼈의 화석화가 이루어질 (우리로서는 가장 바람직한) 가능성은 매우 희박하다. 고대의 퇴적층은 침식 과정으로 드러나기도 한다. 예를 들어, 물의 흐름이 퇴적층을 지나가는 경우이다.

　　그러나 선사 시대의 어느 쪽이 이런 식으로 다시 열릴지는 순전히 우연의 문제이다. 많은 쪽이 여전히 숨겨져 있다. 예를 들어, 초기 사람 화석의 가장 유망한 저장소인 동아프리카에서 400만 년 전과 800만 년 전 사이에 이루어진 화석을 가진 퇴적층은 거의 없다. 이때는 선사 시대의 결정적인 시기이다. 왜냐하면 그 층에 사람과의 기원이 들어 있기 때문이다. 400만 년 전 이후 시기에도 화석은 예상한 것보다 훨씬 더 적다.

　　두 번째 도전은 발견된 대다수 화석 표본이 한 조각의 머리뼈, 광대뼈나 팔뼈의 일부, 그리고 많은 치아 등과 같이 작은 파편에 불과하다는 사실이다. 이러한 빈약한 증거를 동정(同定, 생물의 종을 결정하는 일─옮긴이)하는 것은 결코 쉬운 일이 아니며, 때로는 불가능하기도 하다. 이러한 불확실성 때문에 동정과 종의 상호 관련성을 분별하는 과학적 의견에 수많은 차이가 생기는 것이다. 분류학과 계통학이라고 불리는 이 연구 분야는 인류학의 분야 중에서 가장 논란이 많은 분야 가운데 하나이다. 나는 숱한 논쟁의 상세한 내용은 접어 두는 대신, 계통수의 전체적인 모습을 설명하는 데 초점을 맞출 것이다.

　　아프리카의 사람 화석 기록에 대한 인식은 꾸준히 발전을 거듭했다. 그 발전은 레이먼드 다트가 유명한 타웅 아이(Taung child)의 발굴을 발표한 1924년에 시작되었다. 한 아이의 불완전한 두개골, 즉 두개 일부, 안면, 아래턱, 그리고 두뇌의 구멍이 포함된 이 표본은 남아프리카 타웅 석회석 지대에서 발굴되었기 때문에 이런 이름이 붙었다. 석회석 지대의 퇴적층의 정확한 연대를 밝힐 수는 없지만, 과학적 추정치는 그 아이가 약 200만 년 전에 살았음을 시사하고 있다.

타웅 아이의 머리는 많은 유인원의 특징, 즉 작은 뇌와 앞으로 튀어나온 턱을 가지고 있었지만, 다트는 그것 역시 사람의 특징이라고 인식했다. 즉 턱이 유인원의 경우보다 덜 튀어나왔고, 어금니가 납작하고 송곳니가 작았다. 주요한 증거는 대후두공(大後頭孔)의 위치였다. 그것은 두개골 바닥에 있는 구멍으로, 그 구멍을 지나 척수가 척추로 연결된다.

유인원의 경우 그 구멍은 두개골 바닥에서 비교적 뒤쪽에 위치한다. 반면에 사람의 경우는 중앙 쪽에 훨씬 더 가깝다. 그 차이는 사람의 두 발 직립 자세를 반영하는 것이다. 이 경우 머리가 척추의 중앙에서 균형을 이루고 있다. 이와는 달리 유인원의 자세에서는 머리가 앞쪽으로 기울어 있다. 타웅 아이의 대후두공은 중앙에 있었는데, 이것은 그 아이가 두 발을 가진 유인원이라는 사실을 나타내는 것이다.

다트는 타웅 아이가 호미니드라는 확신을 가지고 있었지만, 이 화석이 먼 옛날의 유인원일 뿐만 아니라 사람의 조상이라는 사

실을 인류학자들이 받아들이는 데는 거의 25년이라는 긴 세월이
흘러야 했다. 인간의 진화 지역인 아프리카에 대한 편견과, 유인
원 따위가 인간 조상의 일부일지 모른다는 생각에 대한 보편적인
거부감이 상승 작용을 일으켜 오랫동안 다트와 그의 발견을 인류
학의 망각 지대로 내몰았다. 인류학자들이 자신들의 잘못을 인정
할 때쯤인 1940년대 말에 다트 진영에 스코틀랜드 사람인 로버트
브룸이 합류했다. 두 사람은 남아프리카의 네 군데 동굴 지역, 즉
스테르크폰테인, 스와르트크란스, 크롬드라이, 마카판스가트에
서 수십 개의 원시 인류 화석을 찾아냈다. 당시 인류학의 관습에
따라 다트와 브룸은 그들이 발견한 모든 화석에 새로운 종의 이름
을 붙였다. 그러자 금방 300만 년 전과 100만 년 전 사이 남아프리
카에 살았던 사람종의 동물원이 실제로 있었던 것 같았다.

　　1950년대에 인류학자들은 호미니드 종에 포함될 가능성이 있
는 많은 종들을 분별해서 두 가지 종만 인정했다. 물론 두 종 모두
두 발을 가진 유인원이었으며, 타웅 아이와 마찬가지로 유인원의
특징을 가지고 있었다. 두 종의 주요한 차이는 턱과 치아에 있었다.
둘 다 턱과 치아가 큰 편이지만 한쪽이 다른 쪽보다 더 컸다. 둘 중
에서 작은 쪽에 오스트랄로피테쿠스 아프리카누스(*Australopithecus*

africanus)라는 이름이 붙여졌다. 그것은 다트가 1924년 타웅 아이에게 붙인 이름으로 '아프리카 남부 유인원'이라는 뜻이었다. 좀 더 건장한 종에게는 그 모습에 걸맞게 오스트랄로피테쿠스 로부스투스(*Australopithecus robustus*)라는 이름이 붙었다 그림 4.

치아 구조를 볼 때, 아프리카누스와 로부스투스는 주로 식물을 먹고살았음이 분명했다. 그들의 어금니는 끝이 뾰족해서 비교적 부드러운 과일과 기타 초목을 먹기에 적합한 유인원의 그것과는 달리, 납작해서 갈기 좋은 표면이 있었다. 만일 최초의 사람종이 유인원과 같은 음식물을 먹고 살았다면(이것에 대해 나는 의문을 가지고 있다.), 그들은 유인원과 같은 치아를 가지고 있었을 것이다. 분명히 200만~300만 년 전에 사람의 음식물은 딱딱한 과일이나 열매와 같은 단단한 음식 쪽으로 바뀌었다. 이것은 오스트랄로피테쿠스가 유인원보다 건조한 환경에서 살았다는 사실을 나타내는 것임이 거의 분명하다. 건장한 종의 어금니가 크다는 것은 먹는 음식이 특히 단단하고 광범위한 분쇄 작업이 필요했다는 점을 암시하고 있다. 그들의 어금니를 '맷돌 어금니'라고 부르는 것은 그런 이유 때문이다.

최초의 원시 인류 화석은 1959년 8월 동아프리카에서 메리

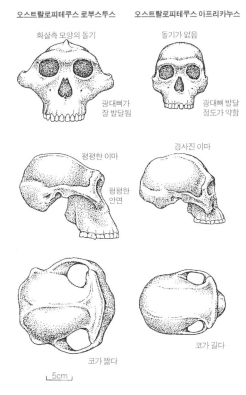

오스트랄로피테쿠스 로부스투스   **오스트랄로피테쿠스 아프리카누스**

화살촉 모양의 돌기   돌기가 없음

광대뼈가 잘 발달됨   광대뼈 발달 정도가 약함

평평한 이마   경사진 이마

평평한 안면

코가 짧다   코가 길다

5cm

그림 4

오스트랄로피테쿠스의 사촌들. 오스트랄로피테쿠스 로부스투스(또는 보이세이)와 아프리카누스의 중요한 차이는 음식을 씹는 메커니즘에 있다. 그것은 턱의 구조와 광대뼈, 그리고 관련 근육이 달려 있는 위치 등과 관련이 있었다. 로부스투스 종은 질긴 식물을 포함한 음식물에 적응해 가는 과정에서 강력하게 씹는 활동이 필요했다.

리키에 의해 발굴되었다. 그녀는 거의 30여 년 동안 올두바이 계곡 퇴적층을 탐사한 끝에 남아프리카의 건장한 오스트랄로피테쿠스 종의 어금니와 같은 맷돌 어금니를 볼 수 있는 영광을 가졌다. 그러나 올두바이에서 발견된 개체는 남아프리카의 사촌보다 훨씬 더 건장했다. 메리와 함께 장기 탐사에 참여한 루이스 리키는 그 화석에 진잔트로푸스 보이세이(*Zinjanthropus boisei*)라는 이름을 붙였다. 진잔트로푸스라는 속명은 '동아프리카 남자'라는 뜻이며, 보이세이는 올두바이 계곡과 기타 지역에서 이루어진 내 양친, 곧 메리 리키와 루이스 리키의 탐사 작업을 후원했던 찰스 보이세이를 나타낸 것이었다.

인류학에서 최초로 현대적인 지질학 연대 결정법을 적용한 결과 진즈(진잔트로푸스 보이세이)가 175만 년 전에 살았다는 사실이 밝혀졌다. 결국 진즈라는 이름은 그것이 오스트랄로피테쿠스 로부스투스의 동아프리카판 변형, 또는 지리적 변종이라는 가정에 따라 오스트랄로피테쿠스 보이세이로 바뀌었다.

이름이 특별히 중요한 것은 아니다. 중요한 것은 우리가 똑같은 기본 적응형, 즉 두 발 보행, 작은 뇌, 그리고 비교적 큰 어금니를 가진 몇 가지 사람종을 보고 있다는 점이다. 이것은 1969년에 내가 투르카나 호의 동안(東岸)으로 첫 탐사를 떠났을 때 물이 흐르지 않는 바닥에 놓여 있던 두개골에서 본 것과 같은 것이었다.

우리는 여러 가지 뼈의 크기를 통해 오스트랄로피테쿠스 종의 남성이 여성보다 훨씬 크다는 사실을 알고 있다. 남자는 키가 1.5미터가 넘는 데 비해, 여자는 겨우 1.2미터 정도밖에 안 된다. 남성은 틀림없이 여성보다 몸무게가 거의 두 배는 나갈 것이다. 이것은 오늘날 사바나 비비의 일부 종에서 볼 수 있는 정도의 차이이다. 따라서 오스트랄로피테쿠스 종의 사회 조직이 비비의 사회 조직과 비슷하다는 결론을 내려도 틀린 추측은 아닐 것이다. 즉 앞장에서 지적했듯이 능력 있는 수컷들이 성숙한 암컷들을 차지하기 위해 경쟁을 하는 사회 조직 말이다.

진즈를 발견한 1년 후, 나의 형인 조너선 리키(Jonathan Leakey)가 올두바이 계곡에서 또다른 유형의 호미니드 두개골 조각을 찾아내면서 인류의 선사 시대 이야기는 좀 더 복잡해졌다. 두개골의 비교적 왜소한 모습은 이 개체가 지금까지 알려진 어떤 오스트랄로피테쿠스 종보다 가냘픈 체격의 소유자라는 사실을 보여 주었다. 그것은 어금니가 더 작았고, 무엇보다도 가장 중요한 것은 뇌가 거의 50퍼센트 정도 컸다는 사실이다.

아버지는, 오스트랄로피테쿠스 종이 인간 조상에 속하기는
하지만 이 새로운 종이 결국은 현생 인류의 계통을 나타낸다는 결
론을 내렸다. 그리고 동료 인류학자들의 떠들썩한 반대에도 불구
하고 그 종에 호모 하빌리스(*Homo habilis*)라는 이름을 붙여, 동정할
수 있는 사람속의 최초 성원으로 삼았다(호모 하빌리스는 '손을 쓰는 사
람'이라는 뜻이다. 이것은 레이먼드 다트가 아버지에게 제안한 것으로 그 종이 도구
를 만드는 사람이라는 가정을 나타낸다.).

루이스에 대한 반대는 여러 측면에서 이해하기 어려운 이유
에 바탕을 두고 있었다. 새로운 화석에 호모라는 명칭을 붙이려면
이미 정의된 사람속에 대한 정의를 수정해야 한다는 것도 그 이유
의 일부였다. 그때까지의 표준 정의는 영국의 인류학자 아서 케이
스(Arthur Keith) 경이 제안한 것인데, 사람속의 뇌 용량은 750세제
곱센티미터 이상이어야 한다는 것이었다. 그 숫자는 현생 인류와
유인원의 뇌 용량의 중간이었다. 말하자면 그것은 뇌의 루비콘 강
이라고 할 수 있었다.

올두바이 계곡에서 새로 발견한 화석의 뇌 용량은 겨우 650세
제곱센티미터밖에 되지 않았지만, 루이스는 더 사람다운, 즉 덜
건장한 두개골 때문에 사람속이라고 판단을 내렸다. 따라서 그는

뇌의 루비콘을 600세제곱센티미터로 바꾸어 새로운 올두바이 호미니드를 사람속으로 받아들이자고 제의했다. 이러한 진술은 그 후 명백히 감정적 차원의 격렬한 논쟁을 불러일으켰다. 그러나 결국 새로운 정의는 받아들여졌다. (나중에 650세제곱센티미터는 호모 하빌리스의 성인 평균 뇌 용량에 비해 상당히 작은 것으로 밝혀졌다. 800세제곱센티미터가 실제에 가까운 수치일 것이다.)

학명에 대한 이야기는 이 정도로 접어 두자. 여기서 중요한 점은 이러한 조사 결과에서 등장하기 시작한 진화 유형이 초기 인간의 두 가지 기본 형태라는 것이다. 한 형태는 작은 뇌와 큰 어금니를 가진 다양한 오스트랄로피테쿠스 종이다. 또 하나의 형태는 확장된 뇌와 작은 어금니를 가진 사람속이다 그림 5.

두 가지 형태 모두 두 발을 가진 유인원이지만, 무언가 독특한 사건이 사람속의 진화 과정에서 일어난 것이 분명했다. 우리는 이 '사건'을 다음 장에서 상세하게 살펴볼 것이다. 어쨌든 이 지점, 즉 약 200만 년 전의 인간 역사에 나타나는 계통수에 대한 인류학자들의 이해는 비교적 단순한 편이었다.

계통수는 두 개의 큰 가지를 뻗었다. 100만 년 전쯤 모두 멸종한 오스트랄로피테쿠스 종이 그 하나이고, 궁극적으로 우리와 같

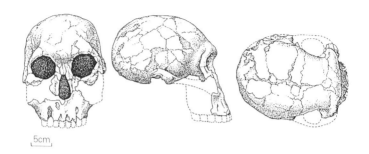

그림 5

초기의 사람속. 박물관 입수 번호 1470으로 알려진 이 화석은 1972년 케냐에서 발견되었다. 이 화석의 주인은 거의 200만 년 전에 살았으며, 호모 하빌리스의 초기 종이다. 오스트랄로피테쿠스 종과 비교할 때 뇌가 상당히 커진 것과 치아가 작아진 것을 볼 수 있다.

은 사람으로 진화한 사람속이 다른 하나이다.

　　화석 기록을 연구한 생물학자들은 새로운 종이 새로운 적응형을 갖고 진화하면 그 후 몇 백만 년 동안 초기 적응형에서 다양한 형질을 가진 후손 종이 출현한다는 사실을 알고 있다. 이것을 적응 방산이라고 한다.

　　케임브리지 대학교의 인류학자인 로버트 폴리(Robert Foley)는 두 발을 가진 유인원의 진화 역사가 통상적인 유형의 적응 방산을

2장 인류의 조상들   **73**

따르다면 무리의 시초인 700만 년 전과 오늘날 사이에 적어도 16가지의 종이 존재해야 한다는 계산 결과를 제기했다. 계통수는 단일한 줄기(최초의 종)에서 시작해 시간이 지남에 따라 새로운 가지가 진화하면서 퍼져 나가고, 종이 멸종하면서 단 하나의 살아남은 가지, 즉 호모 사피엔스를 남겨 놓는다. 이 모든 과정이 화석 기록을 통해 얻은 지식과 일치할까?

　호모 하빌리스가 인정된 후 오랫동안, 200만 년 전에는 세 가지 오스트랄로피테쿠스 종과 한 가지 사람속의 종이 있었다고 생각했다. 우리는 선사 시대의 이 시기 계통수에 많은 개체가 살았다고 예상할 수 있을 것이다. 따라서 네 가지 종은 그리 많은 것처럼 들리지 않는다. 실제로 새로운 발견과 사고를 통해 그 시기에 적어도 네 가지 오스트랄로피테쿠스 종이 두 가지, 또는 세 가지 사람속의 종과 함께 살았다는 사실이 최근 분명해졌다.

　이 문제를 둘러싼 논쟁이 끝난 것은 아니다. 그렇지만 사람종이 다른 대형 포유류 종과 비슷하다면(선사 시대의 이 시기에 그렇지 않다고 생각할 이유는 없다.), 생물학자들이 예상할 수 있는 것은 그런 모습이다. 문제는 다음과 같다. 200만 년 전보다 더 과거에는 어떤 일이 있었는가? 계통수에는 얼마나 많은 가지가 있었으며, 그 가지들은 어떤 모습이었을까?

앞서 지적한 대로 화석 기록은 200만 년 전이라는 시점에서 급격히 빈약해진다. 400만 년 전으로 거슬러 올라가면 거의 비어 있을 정도이다. 가장 초기의 사람 화석은 모두 동아프리카에서 나왔다. 투르카나 호의 동안에서 우리는 약 400만 년 전의 팔뼈, 손목뼈, 턱 조각, 치아 등을 찾아냈다. 미국의 인류학자 도널드 요한슨(Donald Johanson)과 그의 동료들은 에티오피아 아와시 지방에서 비슷한 연대의 다리뼈를 발굴했다. 이것들은 선사 시대 초기의 모습을 다시 창조하기에는 지극히 빈약한 수집물이었다. 그러나 화석이 빈약한 이 시기에 한 가지 예외가 있었다. 에티오피아 하다르 지방에서 300만~390만 년 전 시기에 해당하는 화석이 풍부하게 나왔다.

1970년 중반에 모리스 타이엡(Maurice Taieb)과 요한슨이 이끄는 프랑스·미국 합동 조사팀이 수백 개에 이르는 매혹적인 화석 뼈를 발굴했다. 그 가운데는 자그마한 몸집을 한 개체의 골격 일부가 포함되어 있었다. 그 개체에게 루시(Lucy)라는 이름을 붙여 주었다 그림 6. 루시는 성숙한 어른이 되어 죽었는데, 키가 겨우 90센티미터 정도밖에 안 되었으며, 긴 팔과 짧은 다리를 가지고 있어 체

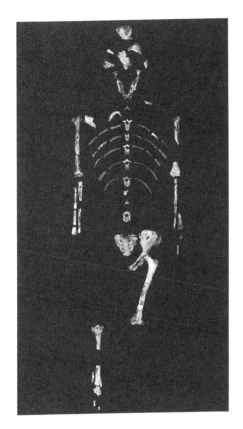

그림 6
루시라는 이름으로 유명한 이 유골은 1974년 모리스 타이엡과 도널드 요한슨, 그리고 그들의 동료들이 에티오피아에서 발굴한 것이다. 여성인 루시의 키는 1미터가 채 못 되었다. 그녀가 속한 종의 남성들은 그보다 훨씬 컸다. 그녀는 300만 년보다 좀 더 전에 살았다.

격이 유인원과 아주 비슷했다.

그 지역에서 나온 많은 다른 화석을 통해 키가 1.5미터가 넘는, 루시보다 큰 개체가 많이 있을 뿐만 아니라, 치아의 크기와 모양, 턱이 튀어나온 정도에서 약 100만 년 뒤에 남아프리카와 동아프리카에서 살았던 호미니드보다 유인원에 가깝다는 것을 알 수 있다. 이것이 우리가 사람이 처음 출현한 시기에 접근할수록 발견하게 되리라고 예상되는 사실이다.

처음 하다르 화석을 보았을 때 나는 그것이 두 가지, 또는 그 이상의 종을 나타내는 것이라는 느낌이 들었다. 나는 200만 년 전에 나타난 종의 다양성은 오스트랄로피테쿠스와 사람속의 종을 포함하는, 그보다 100만 년 전의 종의 다양성에서 유래한다고 보는 것이 타당하다고 생각했다. 하다르 화석을 맨 처음 해석할 때, 타이엡과 요한슨은 이러한 유형의 인간 진화를 지지했다.

그러나 요한슨과 캘리포니아 대학교 버클리 분교의 팀 화이트(Tim White)는 또 다른 분석을 시도했다. 1979년 1월호《사이언스》에 발표된 논문에서 그들은 하다르 화석이 원시 인류의 여러 종을 나타내는 것이 아니라 단일한 종의 뼈라는 제안을 내놓았다. 요한슨은 그 종에 오스트랄로피테쿠스 아파렌시스(*Australopithecus afarensis*)라는 이름을 붙였다. 이전에는 여러 가지 종이 존재한다는 근거로 여겨진 다양한 몸 크기가 이번에는 양성 간 동종이형을 설명하는 근거였다. 나중에 발견된 모든 호미니드는 이 종의 후손이었다. 많은 동료들이 이 대담한 주장에 깜짝 놀랐다. 그리고 오랫동안 격렬한 논쟁이 일었다 그림 7.

그 후 많은 인류학자들은 요한슨과 화이트의 제안이 옳다고 생각했지만, 나는 그 제안이 두 가지 이유에서 틀렸다고 생각한다. 첫째, 하다르 화석 전체에서 보이는 크기의 차이와 해부학 구조의 편차가 너무 크기 때문에 도저히 한 종이라고 할 수 없다. 오히려 그 뼈들은 두 가지 또는 그 이상의 종의 것이라는 생각이 훨씬 더 합리적이다. 하다르 화석을 발굴한 팀의 일원이었던 이브스 코펜스도 이런 견해를 가지고 있다.

둘째로, 그 제안은 생물학적으로 이치에 맞지 않는다. 사람이 700만 년 전 또는 500만 년 전에 생겨났다면, 300만 년 전에 존재한 단 하나의 종이 이후에 나타난 모든 종의 조상이라는 것은 너무 이상한 생각일 것이다. 이것은 적응 방산의 전형이 아니다. 그렇지 않다고 생각할 충분한 이유가 없다면, 우리는 인간의 역사가 전형을 따른다고 생각해야 한다.

이 문제가 모든 사람이 만족하는 방향으로 해결될 수 있는 유일한 길은 300만 년 전 이전의 더 많은 화석을 찾아내 분석해 보는 것이다. 1994년 초가 되자 그 가능성이 실현될 수 있을 것 같았다. 그동안 무려 15년 동안이나 정치적 이유로 하다르 지방의 풍부한

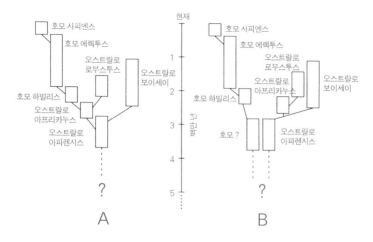

그림 7

사람과의 계통수. 추정된 진화 역사의 전반적인 모습은 비슷하지만 현존하는 화석 증거에 대한 해석은 학자들마다 다르다. 이 그림은 두 가지 설을 단순화시킨 것이다. 나는 B 쪽을 선호한다. 이 가운데 사람속 표본들은 가장 초기의 화석들에 속한다. 이것은 우리가 호모 하빌리스로 알고 있는 종의 조상일 것이다. 화석 기록은 사람과의 기원에까지, 즉 분자유전학의 증거를 통해 추론한 약 700만 년 전까지는 거슬러 올라가지 못한다.

화석 지대에는 들어갈 수 없었기 때문이다. 요한슨과 그 동료들은 1990년 이후 세 차례 답사 여행을 다녀왔다.

　그들의 노력은 큰 성공으로 결실을 맺었으며, 53개의 화석 표본을 발굴하는 성과를 얻었다. 그 가운데는 최초의 완벽한 두개골이 들어 있었다. 이 시기에 이전에 나타났던 유형, 즉 다양한 몸의 크기라는 유형은 새로운 발견에 의해 다시 확인되었고 더욱 확장되었다. 이러한 사실을 어떻게 해석해야 할까? 한 가지 종이냐 여러 종이냐의 문제는 해결의 실마리를 잡은 것일까?

　그러나 불행하게도 그렇지 않았다. 이전에 발견한 화석에서 보인 크기의 차이가 양성의 키 차이를 의미한다고 생각한 사람들은 새로운 화석이 자신들의 생각을 뒷받침한다고 보았다. 반면 그처럼 광범위한 차이는 종 내의 차이가 아니라 종간의 차이를 나타내는 것이 틀림없다고 추측한 우리는 새로운 화석이 그러한 견해를 강화하는 것이라고 해석했다. 따라서 200만 년 전 이전의 계통수 문제는 아직 풀리지 않았다고 보아야 할 것이다.

　1974년 루시의 부분적인 골격이 발견되자, 초기의 호미니드에서 두 발 보행에 대한 해부학적 적응이 이루어진 정도를 가늠할 수 있는 가능성이 열리게 되었다. 정의에 따르면 약 700만 년 전에 진화한 최초의 호미니드 종은 두 발을 가진 유인원이었을 것이다. 그러나 루시의 골격이 발견되기까지 인류학자들은 약 200만 년 이전의 사람종에서 나타나는 두 발 보행의 확실한 증거를 발견하지 못했다. 루시의 골격에서 골반, 다리뼈, 발뼈들은 이러한 문제를 풀 수 있는 결정적인 실마리였다.

골반의 모양, 그리고 대퇴골과 무릎 사이의 각도를 통해 루시와 그의 동료들이 직립 보행에 적응한 정도를 알 수 있다. 이 해부학적 특징은 유인원보다 사람에 훨씬 가까운 것이다. 실제로 처음 이러한 유골의 해부학적 연구를 수행한 오웬 러브조이는 이 종의 두 발 보행은 현대인이 걷는 방식과 구별할 수 없을 정도였으리라는 결론을 내렸다. 그러나 그의 의견에 모두 동의한 것은 아니었다.

예를 들어, 1983년에 발간된 한 중요한 논문에서 스토니 브룩 뉴욕 주립 대학교의 해부학자인 잭 스턴(Jack Stern)과 랜달 서스먼(Randall Susman)은 루시의 해부학 구조에 대해 다른 해석을 내놓았다. "루시는 완전한 두 발 보행으로 가는 도중에 있는 동물에게 전적으로 적합한 특징을 가지고 있다. 그러나 음식을 먹고 잠을 자거나 도망치기 위해 효과적으로 나무를 탈 수 있는 구조적 특징도 여전히 간직하고 있다."

스턴과 서스먼이 그들의 결론을 뒷받침하기 위해 제시한 결정적인 증거 가운데 하나는 루시의 발 구조였다. 루시의 발뼈는 조금 굽어 있었는데, 이것은 사람에게서는 나타나지 않고 유인원에게만 나타나는, 나무를 쉽게 탈 수 있게 하는 구조인 셈이었다. 그러나 러브조이는 이 견해를 일축했다. 굽은 뼈의 구조는 루시의 유인원적 과거가 진화 결과남은 흔적일 뿐이라고 말했다. 이들 두 진영은 10년이 넘게 자신의 견해를 포기하지 않는 열정을 보였다. 그런데 1994년 초, 전혀 예기치 못한 출처에서 나온 증거를 비롯한 새로운 증거들이 나타나면서 저울은 한쪽으로 기울기 시작한 것 같다.

첫째, 요한슨과 그의 동료들은 300만 년 전의 두 개의 팔뼈, 즉 자뼈와 위팔뼈를 발굴했다고 보고했다. 그들은 그것이 오스트랄로피테쿠스 아파렌시스의 뼈라고 보았다. 그 개체는 힘이 센 것이 분명했다. 팔뼈에는 침팬지와 비슷한 특징이 있었다. 그 발견에 대해 논평하면서 런던 유니버시티 칼리지의 인류학자인 레슬리 아이엘로(Leslie Aiello)는 《네이처(Nature)》에 다음과 같이 썼다. "육중한 근육과 강건한 위팔뼈와 함께 오스트랄로피테쿠스 아파렌시스 자뼈의 모자이크식 형태는 나무를 오르내릴 뿐 아니라 땅에서 두 다리로 걷는 생물에게는 더할 나위 없이 적합했을 것이다." 나도 이 설명을 지지하는데, 이것은 러브조이 진영이 아니라 서스먼 진영의 견해와 매우 비슷한 설명이다.

이러한 견해를 뒷받침하는 강력한 증거가 컴퓨터 단층 촬영(CAT 검사)을 통해 초기 인간의 속귀(內耳)에 대한 상세한 해부학적 구조를 알아내면서 나왔다. 세 개의 C형 관, 즉 반고리관은 속귀의 해부학적 구조의 일부이다. 서로 직각을 이루고 있고, 두 반고리관이 연직 방향으로 놓여 있는 구조는 몸의 균형을 유지하는 데 결정적인 구실을 한다. 1994년 4월에 열린 인류학 회의에서 리버풀 대학교의 프레드 스푸어(Fred Spoor)는 사람과 유인원의 반고리관이 유인원에 비해 꽤 넓다고 했다. 스푸어는 그 차이가 두 발을 가진 종이 직립 자세로 균형을 유지하기 위한 특별한 요구에 적응한 결과라고 해석했다. 초기 사람종의 경우는 어떠할까?

스푸어의 관찰은 참으로 놀라운 것이다. 사람속의 모든 종의 경우 속귀의 구조는 현생 인류의 속귀와 구별할 수 없다. 마찬가지로 오스트랄로피테쿠스의 모든 종의 경우 반고리관은 유인원의 그것과 비슷하다. 이것은 오스트랄로피테쿠스가 유인원처럼 네 발로 기어 다녔다는 뜻일까? 골반과 앞발의 구조는 이러한 결론과 맞지 않는다. 1976년 나의 어머니에 의한 놀랄 만한 발견, 즉 약 375만 년 전의 화산재층에서 발견된 사람과 매우 흡사한 발자국 흔적 역시 마찬가지이다.

그럼에도 불구하고 속귀의 구조가 조금이라도 평소의 자세와 보행 방식의 특징을 나타내는 것이라면, 그것은 오스트랄로피테쿠스가 (러브조이가 제창했고 지금도 여전히 주장하고 있듯이) 우리와 같은 사람은 아니었다는 암시인 셈이다.

러브조이는 자신의 해석을 뒷받침하기 위해 호미니드를 처음부터 완벽한 사람으로 만들고 싶어 하는 것 같다. 그것은 이 장 앞부분에서 언급했듯이 인류학자들이 나타내는 경향 중 하나이다. 그러나 우리의 조상이 유인원의 행동을 보여 주었다든지, 나무가 그들의 생활에서 중요한 역할을 했다는 추측에는 아무런 문제가 없다고 본다. 우리는 두 발을 가진 유인원이다. 따라서 우리 조상들의 생활 방식에 그러한 사실이 반영되어 나타나리라고 보는 것은 놀랄 만한 일이 아니다.

이 대목에서 뼈 이야기는 접어 두고, 우리 조상들의 행동에 대한 가장 확실한 증거인 돌에 관해 살펴보기로 하자. 침팬지는 능숙한 도구 사용자이다. 흰개미를 잡기 위해 막대기를 쓰고, 나뭇잎을 물을 빨아들이는 스펀지로 사용하고, 돌을 이용해 딱딱한 과일을 깨뜨린다. 그러나 이제까지 야생 상태의 침팬지가 석기를 만드는 것은 한 번도 관찰된 적이 없었다. 사람들은 250만 년 전에 두 개의 돌을 서로 부딪쳐 끝이 날카로운 도구를 만들기 시작했다. 이렇게 하여 사람들은 인류의 선사 시대에서 가장 획기적인 기술적 행동을 시작한 것이다.

가장 초기의 도구는 작은 박편(剝片, 석기를 만들기 위해 돌을 두들겨 벗겨 낸 파편)이었다. 이 박편은 대개 용암으로 된 자갈을 서로 부딪쳐 만들었다. 박편은 길이가 약 2.5센티미터였고 놀랄 만큼 날카로웠다. 비록 겉모습은 단순했지만 여러 가지 용도로 쓰였다. 이 사실은 일리노이 대학교의 로렌스 킬리(Lawrence Keeley)와 인디애나 대학교의 니콜라스 토스(Nicholas Toth)가 투르카나 호 동쪽에 있는 150만 년 된 주거지 유적에서 나온 12개의 박편을 정밀 분석한 결과 알려졌다. 그들은 박편 중에도 연마 방법에 따라 여러 가지 종류가 있다는 사실을 알아냈다. 일부는 고기를 자르고, 일부는 나무를 자르고, 또 일부는 풀과 같은 부드러운 식물을 베어 내는 데 썼다는 표시였다.

우리는 고고학적 유적에서 발굴된 얼마 안 되는 돌 조각에 대해 상상력을 발휘해 그곳에서 이루어졌을 생활의 복잡성을 재구축해야 한다. 우리가 얻을 수 있는 유물은 극히 빈약하며, 박편으로 잘랐을 고기, 나무, 풀은 찾아볼 수 없기 때문이다. 우리는 강둑에 있었을 단순한 형태의 주거지를 상상할 수 있다. 오늘날 우리가 볼 수 있는 것은 박편뿐이지만, 그곳에서 사람과에 속하는 무리가 갈대로 지붕을 이은 나무로 된 집의 그늘에서 고기를 자르는 모습을 상상할 수 있을 것이다.

이제까지 발굴된 가장 초기의 석기 유물은 250만 년 전의 것이다. 그중에는 박편 외에 찍개(단면 석기), 긁개, 그리고 다각면원구(多角面圓球) 등과 같은 큰 도구들도 들어 있다. 대개 이러한 도구 역시 용암 자갈을 서로 부딪쳐 만든 것이다. 어머니 메리 리키는 올두바이 계곡에 오랫동안 머물면서 사람이 사용한 최초의 기술을 연구했다. 이 유물은 올두바이 계곡의 지명을 따서 "올두바이 유물"이라고 부른다. 이렇게 해서 초기 아프리카 고고학 연구의 바탕이 마련되었다.

니콜라스 토스는 직접 도구를 만드는 실험을 해 보았다. 그 결과, 최초의 도구 제작자들이 도구를 만들 때 그 생김새를 미리 머릿속에 가지고 있지는 않았을 것이라고 짐작했다. 그것은 마음속의 주형(鑄型)이라고 할 수 있을 것이다. 도구의 여러 가지 형태는 원료로 삼은 물질의 최초의 형태에 따라 정해졌다고 보는 쪽이 타당할 것이다. 140만 년 전까지 실행된 유일한 형태의 기술인 올두바이 유물은 본질적으로 우연이었다.

당시의 사람종이 이러한 석기를 만들 수 있었다는 사실에서 유추할 수 있는 인식 수준에 대해 흥미 있는 질문을 제기할 수 있다. 최초의 도구 제작자들의 정신 능력은 유인원과 비슷한 수준이었지만, 단지 다른 방식으로 발휘된 것일까? 아니면 도구 제작에 그 이상의 고도의 지능이 필요했던 것일까? 도구 제작자의 뇌는 유인원에 비해 50퍼센트나 크다. 따라서 직관적으로는 후자가 옳은 것 같다.

그러나 콜로라도 대학의 고고학자인 토머스 윈(Thomas Wynn)과 스코틀랜드 스털링 대학교의 영장류 동물학자인 윌리엄 맥그루(William McGrew)는 그 의견에 동의하지 않는다. 그들은 유인원의 손재주를 분석한 결과, 1989년에 발표한 「올두바이 석기의 유인원판」이라는 논문에서 다음과 같은 결론을 내렸다. "올두바이 도구에서 나타나는 모든 공간 개념은 유인원에서도 발견할 수 있다. 실제로, 위에서 설명한 공간 인식 능력은 모든 대형 유인원도 갖고 있는 것으로 생각되며, 올두바이 도구를 만든 사람종만의 고유한 능력은 아닌 듯하다."

놀라운 발언이다. 그 이유는 사람들이 두 개의 돌을 부딪쳐 '석기 시대'의 도구를 만들려고 했지만 실제로 성공한 사례를 거의 보지 못했기 때문일까. 아니다. 중요한 것은 그들이 도구를 만든 방법이 아니다. 니콜라스 토스는 여러 해 동안 석기 제작 기술을 익히려고 애썼다. 그는 돌을 부딪쳐 박편을 만드는 역학에 대해 많은 사실을 이해하고 있다. 작업의 효율을 높이기 위해 돌을 깨는 사람은 알맞은 모양의 돌을 골라, 적당한 각도로 돌을 부딪쳐야 한다. 두 개의 돌을 맞부딪치는 동작도 정확한 지점에 적절한 힘을 가해야 하기 때문에 고된 연습이 필요하다.

토스는 1985년 논문에서 이렇게 쓰고 있다. "초기의 도구를 제작한 원인(原人)이 유인원보다 뛰어난 정신 능력을 가졌다는 사실에는 전혀 의문의 여지가 없다. 그들은 돌을 다루는 작업의 기본 사항에 대해 상당한 직관을 가졌던 것으로 보인다." 최근 그는 나에게 이렇게 말했다. "도구를 만들기 위해서는 상당한 운동 신경과 인식 능력이 있어야 한다."

조지아 주 애틀랜타에 있는 언어 연구 센터에서는 이러한 문제를 검증하기 위해 실험을 하고 있다. 심리학자인 수 새비지럼보(Sue Savage-Rumbaugh)는 의사소통 기술의 발전을 연구하기 위해 10년 이상 피그미침팬지와 함께 생활하고 있다. 토스는 최근 그녀와 공동 연구를 시작했는데, 이름이 칸지인 침팬지에게 박편 제작법을 가르치려 하고 있다. 칸지가 날카로운 박편을 만들 수 있을 만큼 혁신적인 사고를 보여 주었다는 데에는 의심의 여지가 없지만, 지금까지 칸지는 최초의 도구 제작자들이 사용한 돌을 깨는 체계적인 방법을 재현하지는 못했다. 내 생각으로 그들의 연구 결과는 원과 맥그루의 주장이 틀렸음을 입증하는 것 같다. 즉 최초의 도구 제작자들은 유인원보다 훨씬 뛰어난 인식 능력을 가졌다는 뜻이다.

최초의 도구, 즉 올두바이 유물이 단순하고 우연적인 것은 사실이다. 약 140만 년 전 아프리카에서 새로운 형태의 도구가 나타났다. 고고학자들은 이 후기 형태의 도구가 처음 발견된 북부 프랑스 생아슐의 지명을 따서 아슐 유물이라고 부른다. 인류의 선사 시대에 최초의 도구 제작자들이 자신들이 만들고자 했던 물건의 주형을 머릿속에 갖고 있었다는 증거가 있다. 즉 그들은 이미 원료를 어떤 모양으로 만들겠다는 계획을 가지고 있었다.

이런 사실을 암시하는 도구로는, 그 제작에 상당한 기술과 인내가 필요한 이른바 주먹도끼(양면 석기)와 눈물방울 모양의 도구들이 있다그림 8. 토스와 실험자들이 당시의 고고학 기록에 보이는 것과 똑같은 주먹도끼를 만들 수 있는 기술을 습득하기까지에는 몇 개월이 걸렸다.

고고학 기록에서 주먹도끼가 출현한 것은 호모 하빌리스의 후손이며 호모 사피엔스의 조상으로 추정되는 호모 에렉투스가 등장한 이후이다. 다음 장에서 살펴보게 되겠지만, 주먹도끼를 만든 사람들이 호모 하빌리스보다 훨씬 큰 뇌를 가지고 있었기 때문에 호모 에렉투스라고 보는 것이 합리적인 추론일 것이다.

우리의 조상들이 날카로운 박편을 만드는 기술을 발전시키자, 인류의 선사 시대는 중요한 돌파구를 얻게 되었다. 갑자기 사람들은 이전에 상상할 수 없었던 음식물을 손에 넣게 되었다. 토스가 실연(實演)해 보였듯이, 적당한 박편은 질긴 동물의 가죽을 찢고 속에 있는 고기를 끄집어낼 수 있는 매우 효율적인 도구였다. 수렵인이든 짐승의 시체를 주우러 다니는 사람이든, 이 단순한 박편을 만들고 이용하게 된 사람은 새로운 에너지원, 즉 동물성 단백질을 섭취할 수 있었다.

그림 8

도구 제작 기술. 아래쪽 두 줄은 올두바이 문화기의 기술을 나타내는 것인데, 약 250만 년 전의 고고학 기록에서 처음 등장한다. 망치돌(하얀 자갈), 단순한 찍개, 긁개(망치돌과 같은 줄), 그리고 날카로운 작은 박편(윗줄) 등으로 이루어져 있다. 위쪽에 있는 두 줄은 아슐 유물에서 나온 것이다. 이 유물은 약 140만 년 전의 고고학적 기록에 처음 등장하는데, 올두바이에서 발견된 도구와 비슷한 소규모 도구와 함께 주먹도끼(두 개의 눈물방울 모양의 도구), 클리버, 그리고 찍개 등이 나타나는 것이 특징이다.

이렇게 해서 당시의 사람종은 이전과 비교해 훨씬 다양한 음식을 섭취할 수 있게 되었고, 더 많은 후손을 남길 수 있는 가능성

을 얻게 되었다. 자손을 낳아 기르는 과정에는 많은 비용이 들어간다. 따라서 식육(食肉)이 포함되어 있는 음식으로 많은 에너지를 섭취하게 되자 재생산의 가능성도 높아졌다.

오랫동안 인류학자들을 사로잡았던 문제는 누가 도구를 만들었는가이다. 고고학 기록에 도구가 처음 등장할 무렵, 오스트랄로피테쿠스 종이 일부 있었고, 사람속의 종도 살고 있었을 것이다. 도구 제작자가 누구인지를 어떻게 가려낼 수 있을까? 이것은 매우 어려운 문제이다. 만약 우리가 사람속과는 관련이 있지만 오스트랄로피테쿠스와는 전혀 연관이 없는 도구를 찾아낸다면, 그 도구를 사람속의 종이 유일한 도구 제작자임을 나타내는 증거로 삼을 수 있을 것이다.

그러나 선사 시대의 기록은 그렇게 분명한 구분이 불가능하다. 랜달 서스먼은 남아프리카의 유적지에서 발견된 오스트랄로피테쿠스 로부스투스의 손뼈(서스맨은 그렇다고 믿고 있다.) 구조를 보고 이 종이 도구를 만들 수 있는 충분한 손재주가 있었다고 주장한다. 그러나 실제로 그것을 확인할 수 있는 길은 없다.

내 생각은 가장 단순한 설명을 찾아야 한다는 것이다. 우리는 선사 시대의 기록에서 100만 년 전 이후에는 사람속만이 존재했다는 사실을 알고 있으며, 또한 그들이 석기를 만들었다는 사실을 알고 있다. 그 사실을 반증할 수 있는 충분한 증거가 발견될 때까지는 사람속만이 선사 시대 초기에 도구를 만들었다는 결론을 내리는 편이 신중하고 현명한 태도일 것이다.

오스트랄로피테쿠스의 종과 사람속은 각기 서로 다른 적응형을 가지고 있었던 것이 분명하다. 그러한 차이 가운데 중요한 부분은 사람속의 경우 육류를 섭취했다는 점일 것이다. 석기 제작은 육식 특성을 가진 사람들의 중요한 능력 중 하나였을 것이다. 초식을 하는 사람들은 이러한 도구 없이도 살 수 있었기 때문이다.

토스는 케냐의 고고학 유적지에서 출토된 도구를 연구하고 실제로 도구를 만들어 보는 실험을 하면서 매우 흥미롭고 중요한 사실을 발견했다. 최초의 도구 제작자는 현대인과 마찬가지로 오른손잡이가 압도적으로 많았다는 사실이다. 유인원의 개체가 오른손잡이나 왼손잡이일 수는 있어도, 개체군 전체가 특별한 경향을 나타내지는 않는다. 현대인은 이러한 점에서 독특하다. 토스의 발견을 통해 우리는 진화에 대한 중요한 통찰을 얻을 수 있다. 그것은 약 200만 년 전에 살았던 사람 속의 뇌가 이미 진정한 사람의 수준, 즉 오늘날 우리와 같은 수준에 이르렀다는 사실이다.

<u>우리는 최근에 이루어진</u> 흥미롭고 상상력이 풍부한 연구에서, 화석을 통해 멸종한 우리 조상들의 생물학적 측면에 대한 통찰을 얻을 수 있었다. 그것은 몇 년 전까지만 해도 아무도 예측할 수 없었던 방법이었다. 예를 들면, 이제 특정한 사람종의 개체들이 언제 젖을 떼고, 언제 성적(性的)으로 성숙했는지, 예상 수명이 어느 정도인지 등에 대해 합리적인 추정을 할 수 있게 되었다.

이러한 정보를 획득할 수 있는 수단을 갖게 된 우리는 사람속이 맨 처음 등장할 때부터 다른 종류의 사람이라는 사실을 알게 되었다. 오스트랄로피테쿠스와 사람속 사이의 생물학적 불연속성을 깨닫게 되면서 인류의 선사 시대에 대한 우리의 이해도 근본적

으로 바뀌었다.

사람속이 출현할 때까지 두 발을 가진 모든 유인원은 작은 뇌, 커다란 어금니, 튀어나온 턱을 가지고 있었으며, 유인원과 유사한 생존 전략을 추구했다. 그들은 주로 식물을 먹었으며, 그들의 사회적 환경은 오늘날 사바나에 사는 비비와 비슷했을 것이다. 이종, 즉 오스트랄로피테쿠스는 두 발로 걸었다는 점에서는 사람과 비슷했으나 나머지는 모두 달랐다. 250만 년 전보다 더 오래된 어느 시기에——아직 정확한 시기를 말할 수 없다.——커다란 뇌를 가진 최초의 사람종이 진화했다. 이빨의 형태 또한 변화했다. 그것은 전적으로 식물에 의존하던 음식물에 육류가 포함되면서 생긴 적응의 결과일 것이다.

최초의 호모 하빌리스의 화석이 30년 전에 발굴된 이후, 최초의 사람속의 두 가지 특성, 즉 뇌 용량과 치아 구조의 변화가 더욱 분명해졌다. 우리 현대인들은 뇌 용량의 중요성에 지나치게 현혹되어 있었기 때문에, 인류학자들은 뇌 용량이 약 450세제곱센티미터에서 600세제곱센티미터 이상으로 증가된 사실에 커다란 비중을 두었다. 뇌 용량의 증가는 호모 하빌리스가 진화하면서 일어난 일이었다.

의심할 여지없이 이것은 인류의 선사 시대를 새로운 방향으로 이끌고 간 진화적 적응의 중요한 부분이었다. 그러나 그것은 일부분에 불과했다. 우리 조상들의 생물학적 측면에 대한 최근 연구를 통해——그 밖의 측면에서도 많은 변화가 밝혀졌지만——우리 조상이 유인원에 가까운 모습에서 사람에 더 가까운 모습으로 변화했다는 사실이 알려졌다.

사람의 성장 과정에서 나타나는 가장 중요한 측면 가운데 하나는 사람의 아이가 혼자 힘으로는 아무것도 할 수 없는 무기력한 상태에서 태어나 오랜 유년기를 거친다는 점이다. 아이를 길러 본 부모라면 누구나 알겠지만, 아이들은 청소년기에 빠른 속도로 성장한다. 사람은 이러한 면에서 독특하다. 즉 유인원을 포함한 대부분의 포유류는 유수(乳獸)에서 곧바로 성수(成獸)로 성장한다. 사람의 경우에는 빠른 성장이 시작되는 청소년기에 무려 25퍼센트의 성장이 이루어진다. 반면 침팬지의 성장 곡선은 청소년기를 거쳐 성수가 될 때까지 겨우 14퍼센트의 성장을 나타낸다.

미시간 대학교의 생물학자인 배리 보긴(Barry Bogin)은 성장 곡선의 차이를 새로운 시각에서 해석했다. 사람의 아이를 유인원과 비교하면 뇌의 성장률은 비슷하지만 몸의 성장률은 낮다. 결과적으로, 사람의 아이는 유인원의 정상적인 성장률에 따라 성장했을 때 예상할 수 있는 키보다 작다. 보건은 이러한 차이가 줄 수 있는 이점은 문화의 규칙을 체득하는 학습과 관련이 있다고 주장했다. 성장기의 아이들은 몸집이 어른들과 현격하게 다르다. 따라서 아이와 어른 사이에 학생-교사 관계가 쉽게 만들어질 수 있고 어른으로부터 배운다는 것에 거부감을 가지지 않게 된다는 것이다. 아이들이 유인원의 성장 곡선을 따라 성장한다면, 아이와 어른 사이에 학생-교사 관계보다는 육체적 경쟁 관계가 발달할 수도 있다. 학습 기간이 끝나면 청소년기의 급성장을 통해 그동안 뒤처진 몸 크기를 '따라잡는다.'

사람은 생존 기술뿐만 아니라 관습과 사회 풍속, 혈족 관계와 사회 법칙, 즉 문화에 대한 강도 높은 학습을 거쳐 사람이 되어 간다. 무기력한 상태의 유아가 양육되고 어린이가 학습을 받는 사회 환경은 유인원의 특징이라기보다는 사람의 특징이다. 문화는 인간의 적응형이라고 할 수 있다. 그것은 특이한 유년기와 성장 패턴을 통해 가능하다.

그러나 사람의 경우 갓 태어난 유아의 무력함은 문화적 적응이라기보다는 생물학적 필연성 때문이다. 유아들은 너무 일찍 세상에 나온다. 그것은 커다란 뇌와 골반의 공학적 제약 때문이다. 최근 들어 생물학자들은 뇌의 크기가 지능뿐 아니라 다른 요소에도 영향을 미친다는 사실을 이해하게 되었다. 그것은 생활사의 수많은 요소들, 예를 들어 이유기, 성적 성숙에 도달하는 시기, 임신 기간, 수명 등과 관련이 있다.

뇌가 큰 종에서는 이런 요소들이 길어지는 경향이 있다. 다시 말해서 뇌가 작은 종보다 늦게 젖을 떼고, 성적 성숙이 늦어지고, 임신 기간이 길어지고, 수명도 늘어난다. 다른 영장류들과의 비교 결과를 바탕으로 단순 계산을 해 보면, 평균 뇌 용량이 1,350세제곱센티미터인 호모 사피엔스의 경우 임신 기간이 실제의 9개월이 아니라 21개월이 되어야 한다는 사실을 알 수 있다. 따라서 사람의 아이는 태어날 때, 따라잡아야 하는 1년분의 성장을 빚지고 있는 셈이다. 사람의 아이가 무력한 이유는 바로 그 때문이다.

왜 이러한 일이 일어나는 것일까? 자연은 왜 갓 태어나는 유아에게 너무 일찍 세상에 나오는 위험을 지우는 것일까? 그 해답은 뇌이다. 새로 태어난 유인원의 뇌는 평균 약 200세제곱센티미터인데, 그것은 다 자란 유인원의 약 절반 크기이다. 뇌의 크기는 유인원의 삶에서 비교적 이른 시기에 빠른 속도로 늘어나 두 배가

된다. 반면 신생아의 뇌는 성인 뇌의 3분의 1에 불과하며, 생애의 초기에 급성장해 세 배로 늘어난다. 생애의 비교적 빠른 시기에 뇌가 어른의 크기만큼 증가한다는 점에서 사람은 유인원과 비슷하다. 따라서 유인원의 경우처럼 뇌가 두 배로 커진다면, 새로 태어나는 유아의 뇌 용량은 675세제곱센티미터이어야 할 것이다.

아기를 낳아 본 여성이라면 모두 정상 크기의 뇌를 가진 아이를 낳기가 얼마나 어려운지 잘 알 것이다. 이따금 생명의 위협을 받기까지 한다. 실제로 골반구(骨盤口)는 커진 뇌에 적응하기 위해 진화 과정에서 늘어났다. 그러나 골반구가 커질 수 있는 한계가 있다. 그것은 효율적인 두 발 보행을 해야 하는 공학적 요구 때문에 생기는 한계이다. 갓 태어나는 유아의 뇌 용량이 지금과 같은 수치, 즉 385세제곱센티미터가 되자 더 이상 늘어날 수 없는 한계에 이르렀다.

진화의 관점에서 볼 때, 원칙적으로 사람은 성인의 뇌 용량이 770세제곱센티미터를 넘어서면서 유인원의 성장 유형에서 벗어났다고 할 수 있다. 뇌가 그 이상으로 늘어나면 성인의 뇌 용량은 태어날 당시 크기의 두 배 이상이 되어야 하며, 따라서 '너무 일찍' 세상에 나온 유아에서 나타나는 무력함이라는 성장 패턴을 나타

내기 시작하는 것이다. 성인의 뇌 용량이 약 800세제곱센티미터
인 호모 하빌리스는 유인원의 성장 패턴과 인간의 성장 패턴의 경

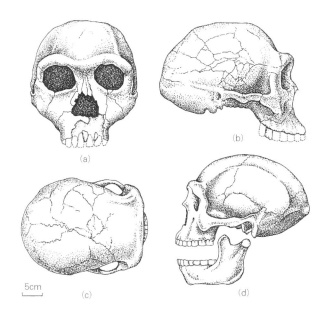

그림 9

(a), (b), (c)는 두개골 KNMER 3733을 세 각도로 보여 주고 있다. 이것은 1975년 투르카나
호 동쪽에서 발굴한 것이다. 뇌 용량이 850세제곱센티미터 정도 되는 이 개체는 약 180만 년 전에
살았다. 비교를 위해 함께 그려 놓은 (d)는 중국에서 발굴한 호모 에렉투스(베이징 원인)이다.
3733보다 100만 년 후에 살았으며, 뇌 용량은 거의 1,000세제곱센티미터에 이른다.

계에 위치했던 것 같다. 반면 약 900세제곱센티미터인 초기 호모
에렉투스의 뇌는 이 종이 인간 쪽으로 상당히 가깝게 접근했음을
보여 주고 있다 그림 9.

　　그러나 이것은 '원칙적인' 주장임을 기억하라. 즉 그것은 호
모 에렉투스의 산도(産道)가 현대인과 같은 크기라는 가정을 전제
로 하고 있다. 실제로 우리는 투르카나 소년의 골반을 측정해서 호
모 에렉투스가 이러한 측면에서 어느 정도 인간에 접근했는지에
대해 확실하게 이해할 수 있었다. 투르카나 소년은 나와 동료들이
1980년대 중반에 투르카나 호의 서안에서 얼마 떨어지지 않은 곳
에서 발굴한 초기 호모 에렉투스의 골격이다.

　　사람의 골반구의 크기는 남성과 여성 모두 비슷하다. 따라서
투르카나 소년의 골반구 크기를 측정해서 그의 어머니의 산도에
대한 추정값을 얻을 수 있었다. 나의 친구이자 동료인 존스 홉킨스
대학교의 해부학자 앨런 워커는 발굴 당시 흩어져 있던 뼈를 맞추
어 소년의 골반을 재구성해 냈다 그림 10. 그는 골반구의 크기를 측정
한 결과 호모 사피엔스의 그것보다 작다는 사실을 알아냈다. 그리
고 그는 호모 에렉투스의 갓 태어난 아기의 뇌 용량이 약 275세제
곱센티미터라는 사실을 계산했다. 그것은 현대인에 비해 상당히

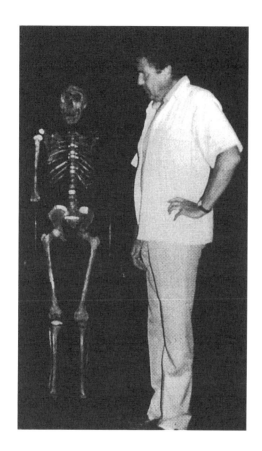

그림 10
재구성한 9살의 호모 에렉투스의 골격을 통해 이 종의 몸의 구조가 얼마나 사람과 비슷한지 알 수 있다. 골격의 발굴 과정을 지휘한 앨런 워커가 그 옆에 서 있다.

작은 크기이다.

이 조사 결과가 의미하는 바는 분명하다. 호모 에렉투스의 유아는 현대인과 마찬가지로 성인의 3분의 1 크기의 뇌를 가지고 태어났다. 현대인과 마찬가지로 무력한 상태로 세상에 나온 것이 틀림없다. 현대인의 사회 환경의 한 부분인, 부모가 유아를 철저하게 돌보아 주는 관습은 약 170만 년 전 초기 호모 에렉투스에서 이미 발달하기 시작했다고 추론할 수 있다.

그러나 우리는 에렉투스의 바로 위 조상인 호모 하빌리스에 대해 비슷한 계산을 할 수가 없다. 왜냐하면 아직 하빌리스의 골반이 발굴되지 않았기 때문이다. 그러나 하빌리스의 유아가 에렉투스 크기의 뇌를 가지고 태어났다면, ——정확히 같은 정도는 아닐지라도—— '너무 일찍' 태어났을 것이다. 따라서 그들 역시 태어난 이후——똑같은 기간 동안은 아닐지라도——무력한 상태에 처해 있었을 것이다. 그리고 그들 역시 정도는 덜하지만 인간과 같은 사회 환경을 획득했을 것이다. 따라서 사람속은 처음부터 인간에 가까운 방향으로 이동한 것으로 생각된다. 마찬가지로 오스트랄로피테쿠스 종은 유인원 크기의 뇌를 가지고 있었으며, 따라서 유인원의 초기 성장 패턴을 따랐을 것이다.

▬▬▬

부모의 보호가 반드시 필요한 장기간에 걸친 유아의 무력한 상태는 이미 초기 사람속의 특징이었다. 여기까지는 입증된 사실이다. 그러나 어린 시절의 나머지 기간은 어떠한가? 실용적이고 문화적인 기술을 습득할 수 있고, 그 이후에 청소년기의 급성장이 뒤따르는 유년기의 나머지 기간은 언제 늘어났을까?

현대인에 있어서 유년기가 늘어난 것은 유인원에 비해 성장률이 떨어지면서부터였다. 그 결과 사람은 유인원보다 이가 늦게 나는 등의 여러 가지 새로운 성장 이정표를 갖게 된다. 예를 들어, 제1어금니인 영구치는 사람이 6살경에 나오는 데 비해 유인원은 3살에 나온다. 제2어금니는 유인원이 7살에, 사람은 11살과 12살 사이에 나온다. 제3어금니는 사람의 경우 18살에서 20살에, 유인원은 9살에 나온다. 인류의 선사 시대에 유년기가 늘어난 시기가 언제인가를 알기 위해서는 화석의 턱을 관찰하고, 언제 어금니가 나왔는지 확정할 수 있는 방법이 마련되어야 했다.

예를 들어, 투르카나 소년은 제2어금니가 나기 시작할 무렵에 죽었다. 호모 에렉투스가 어린 시절의 성장이 더딘 인간의 패턴을 따랐다면, 그 소년은 약 11살에 죽은 셈이다. 그러나 그 종이 유인원의 성장 궤도를 따랐다면 7살에 죽었을 것이다.

1970년대 초기에 펜실베이니아 대학교의 앨런 만(Alan Mann)은 사람의 치아 화석을 광범위하게 분석, 오스트랄로피테쿠스와 사람속의 모든 종이 더딘 인간의 성장 패턴을 따랐다는 결론을 내렸다. 그의 연구는 엄청난 파급력을 가졌다. 그리고 오스트랄로피테쿠스를 포함해서 호미니드에 속하는 모든 종은 현대인의 성장 패턴을 따랐다는 전통적인 견해를 뒷받침했다. 실제로 투르카나 소년의 턱을 발견해 제2어금니가 나온 모습을 보고 나는 그가 11살에 죽었다고 가정했다. 그가 호모 사피엔스와 비슷하다면, 그 나이에 이르렀을 것이기 때문이다. 마찬가지로 오스트랄로피테쿠스 아프리카누스 종에 속하는 타웅 아이는 제1어금니가 나오는 중이었으므로 7살에 죽은 것으로 보았다.

그러나 이런 가정들은 몇몇 연구자들의 연구 결과를 통해 1980년대 후반에 완전히 깨졌다. 미시간 대학교의 인류학자인 홀리 스미스(Holly Smith)는 뇌 용량과 제1어금니가 나온 나이를 서로 관련지어 화석 인간의 생활사 유형을 추론하는 방법을 개발했다. 스미스는 기준을 설정하기 위해 사람과 유인원의 데이터를 축적해 나갔다. 그 후 그녀는 광범위한 사람의 화석에 대한 관찰을 통해 비교 방법을 정했다.

그 결과 세 가지 생활사 유형이 나왔다. 첫 번째는 현대인의 등급으로 제1어금니가 나오는 시기가 6살이고, 수명은 66살이다. 두 번째인 유인원 등급은 제1어금니는 3살이 조금 지나서 나오고, 수명은 40살 정도이다. 그리고 세 번째로 두 등급의 중간에 해당하는 등급이 있다.

후기 호모 에렉투스, 즉 약 80만 년 전 이후에 살았던 개체들은 네안데르탈인과 마찬가지로 인간의 등급에 속한다. 그러나 오스트랄로피테쿠스 종은 모두 유인원 등급이었다. 초기 호모 에렉투스는 투르카나 소년처럼 중간 등급에 해당한다. 그 소년의 제1어금니는 그의 나이가 4살 반이 조금 지났을 때 나왔을 것이다. 일찍 죽지 않았다면, 그는 52살 정도까지 살았으리라고 기대할 수 있었다.

스미스의 연구 결과는 오스트랄로피테쿠스의 성장 유형이 현대인과 비슷하지 않았음을 보여 주었다. 오히려 유인원에 가까웠다. 나아가 그녀는 초기 호모 에렉투스의 성장 유형이 현대인과 유인원의 중간에 해당한다는 사실을 보여 주었다. 이제 우리는 투르카나 소년이 내가 맨 처음에 생각했던 11살이 아니라 9살에 죽었다는 결론을 내리게 되었다.

이 결론은 동시대의 인류학자들의 가정과는 어긋나는 것이어서 매우 논란이 많았다. 물론 스미스가 잘못을 저질렀을 수도 있었다. 이러한 상황에서는 사실을 확증할 수 있는 연구 결과가 기다려지게 마련이다. 그리고 그리 오래지 않아 원하던 결과가 나왔다. 당시 런던 유니버시티 칼리지에 있던 해부학자 크리스토퍼 딘(Christopher Dean)과 팀 브로미지(Tim Bromage)는 치아의 나이를 직접 정하는 방법을 고안했다. 나무가 몇 살인지 알기 위해 나이테를 이용하듯, 치아에 나 있는 미세한 선이 그 나이를 나타낸다.

그러나 이 계산 방법은 생각처럼 쉽지 않다. 왜냐하면 그 선이 형성되는 과정에 대한 불확실성 때문이다. 그럼에도 불구하고 딘과 브로미지는 그 방법을 치아의 발달이라는 측면에서 타웅 아이와 동일한 오스트랄로피테쿠스의 턱에 최초로 적용했다. 그들은 그 개체가 제1어금니가 나오고 있는 중인 3살이 조금 지나 죽었다는 사실을 알아냈다. 그것은 유인원의 성장 궤도를 따랐다는 암시였다.

딘과 브로미지는 광범위한 화석 인간의 치아를 조사해서 스미스와 마찬가지로 현대인, 유인원, 그 중간의 세 가지 등급을 발견했다. 그들의 조사에서도 오스트랄로피테쿠스는 유인원 등급이었다. 후기 호모 에렉투스와 초기 네안데르탈인은 현대인 등급,

그리고 초기 호모 에렉투스는 중간 등급이었다. 그 결과는 다시 한 번 논쟁을 불러일으켰다. 특히 오스트랄로피테쿠스가 사람처럼 성장했는지, 아니면 유인원처럼 성장했는지를 둘러싸고 논쟁이 벌어졌다.

이 논쟁은 미국 세인트루이스에 있는 워싱턴 대학교의 인류학자 글렌 콘로이(Glenn Conroy)와 임상학자 마이클 배니어(Michael Vannier)가 의학의 첨단 기술을 인류학 연구에 도입하면서 종지부를 찍었다. 컴퓨터 단층 촬영, 즉 3차원 CAT 검사법을 써서 그들은 타웅 아이의 석화(石化)된 턱의 내부를 들여다보았다. 그 결과 핵심 내용에서는 딘과 브로미지의 결론이 옳다는 사실을 확인했다. 타웅 아이는 3살경에 죽었으며, 유인원의 성장 패턴을 따른 소년이었다.

생활사의 요소와 치아의 발달에 대한 연구를 통해 화석 관찰로 생물학적 구조를 추론할 수 있게 되면서 인류학은 엄청난 힘을 얻었다. 비유하자면 뼈에 살을 입힌 격이었다. 예를 들어, 투르카나 소년은 네 번째 생일이 좀 지나서 젖을 뗐을 것이며, 계속 살았다면 약 14살에 성적 성숙에 이르렀을 것이다. 그의 어머니는 13살 때 9개월의 임신 기간을 거쳐 첫 아기를 낳았을 것이다. 그리고 그

후 3년, 또는 4년마다 임신을 했을 것이다.

이러한 유형을 통해 우리는 초기 호모 에렉투스가 살고 있던 무렵, 사람의 조상들이 이미 유인원의 생물학 구조에서 멀어져 현대인의 생물학적 구조로 전이했음을 알 수 있다. 반면 오스트랄로피테쿠스는 여전히 유인원 등급에 머물러 있었다.

초기 인류가 현대인의 성장·발전 패턴으로 옮겨 간 진화적 전이는 사회적 맥락에서 일어났다. 모든 영장류가 사회성을 갖지만 현대인은 그 사회성을 최고의 수준으로 발달시켰다. 초기 인류의 치아 증거에서 추론한 생물학 구조의 변화를 통해 우리는 이 종에서 사회적 작용이 이미 강화되기 시작했고, 이후의 문화를 탄생시킬 환경을 창조했음을 알 수 있다. 전체적인 사회 조직 역시 상당히 변화했을 것으로 생각된다. 우리는 어떻게 이런 사실을 알 수 있을까?

남성과 여성의 몸 크기를 비교해 보면, 그리고 비비나 침팬지와 같은 현대의 영장류에서 나타나는 차이를 살펴보면 그 사실을 분명하게 알 수 있다.

앞서 지적했듯이, 사바나 비비의 경우 수컷의 몸 크기는 암컷의 두 배이다. 영장류 학자들은 성숙한 수컷이 짝짓기할 기회를 두고 격렬한 경쟁을 벌이면서 이런 차이가 생겼다고 생각한다. 대부분의 영장류에서처럼 수컷 비비의 경우 성적 성숙에 이르면 원래 자신이 태어난 무리를 떠난다. 그들은 다른 무리, 때로 주변 무리에 들어가는데, 그때부터 그 무리에서 이미 확고한 자리를 확보하고 있는 수컷들과 경쟁하기 시작한다. 수컷이 보이는 이러한 이동 때문에 같은 무리의 수컷들은 대개 혈연관계가 없다. 따라서 그들은 다윈적(유전적) 의미에서 서로 협력해야 할 하등의 이유도 없는 셈이다.

그러나 침팬지의 경우에는, 전혀 알 수 없는 이유로 수컷들이 출생 집단에 머물고 암컷들이 이동한다. 그 결과 침팬지 집단의 수컷들은 암컷을 얻기 위해 서로 협력해야 할 다윈적 의미의 이유를 갖는다. 왜냐하면 그들은 서로 형제간으로 절반의 유전자를 공유하기 때문이다. 그들은 다른 침팬지 집단의 공격을 방어할 때, 사냥을 나갈 때, 운 나쁜 원숭이를 공격할 때 서로 협력한다. 상대적으로 경쟁의 정도는 약화되고 협력의 측면이 강화되었음은 암수의 크기를 통해 짐작할 수 있다. 양성의 차이는 불과 15~20퍼센트 정도이다.

몸 크기라는 측면에서 오스트랄로피테쿠스의 남성은 비비의 유형을 따른다. 따라서 오스트랄로피테쿠스 종의 사회생활이 오늘날 현대의 비비에서 관찰할 수 있는 사회생활과 비슷했을 것이라고 가정할 수 있다. 우리는 초기 인류의 여성과 남성의 몸 크기를 비교하면서 상당한 변화가 있었다는 사실을 곧바로 알 수 있었다. 즉 침팬지와 마찬가지로 여성과 남성의 몸 크기의 차이는 20퍼센트를 넘지 않았다.

케임브리지 대학교의 인류학자 로버트 폴리(Robert Foley)와 필리스 리(Phyllis Lee)가 주장했듯이, 사람속이 등장한 시기에 몸 크기에 변화가 나타났다는 사실은 사회 조직의 변화를 나타내는 것임이 분명하다. 초기 인류의 경우 남성들이 자신들의 형제와 배(또는 씨)다른 형제들과 출생 집단에 머문 반면, 여성들이 다른 집단으로 옮겨 갔음에 틀림없다. 앞서 지적했듯이, 혈연관계는 남성들의 협력 관계를 강화해 준다.

이러한 사회 조직의 변화를 촉진한 원인이 무엇인지 분명히 알 수는 없다. 남성들 사이에 협력 관계가 강화된 이유가 무엇이었든 간에 여러 가지 측면에서 매우 유리하게 작용했음은 분명하다. 일부 인류학자들은 이웃 사람속 집단의 공격에 대한 방어가 중요한 원인이었을 것이라고 주장하고 있다.

그러나 주된 변화의 원인을 경제적 필요로 보는 것이 더욱 그럴듯하다. 어떤 증거는 호모가 섭취하는 음식물의 변화, 즉 육류가 중요한 에너지원과 단백질원이 되었다는 것을 암시하고 있다. 초기 인류에서 나타나는 치아 구조의 변화는 석기 기술의 정교화와 마찬가지로 육류의 섭취를 시사한다. 더구나 사람속을 규정짓는 특징인 뇌 용량의 증가가 사람에게 풍부한 에너지를 낼 수 있는 음식을 보충하도록 '요구'했는지도 모른다.

생물학자라면 모두 알고 있는 사실이지만, 뇌는 물질 대사의 측면에서 많은 비용을 요구하는 기관이다. 예를 들어, 현대인의 뇌는 몸무게의 2퍼센트에 불과하지만 에너지원의 20퍼센트를 소비한다. 영장류는 모든 포유류 중에서 뇌가 가장 큰 집단이다. 이러한 속성은 사람에 이르러 엄청나게 확장되었다. 즉 사람의 뇌는 같은 크기의 몸을 가진 유인원의 뇌보다 세 배나 크다.

취리히에 있는 인류학 연구소의 인류학자인 로버트 마틴(Robert Martin)은 이러한 뇌 용량의 증가는 에너지 공급의 증가가 수반될 때에만 가능하다고 지적했다. 그의 주장에 따르면, 초기 인류는 풍부하고 영양가가 높은 음식을 섭취했다. 육류는 칼로리,

단백질과 지방이 농축된 음식이다. 상당한 비율의 육류로 식사를 보충하고 나서야 초기 인류는 오스트랄로피테쿠스보다 큰 뇌를 형성할 '여유를 가질' 수 있었다.

이런 이유들 때문에 나는 초기 인류가 고유한 특성들을 동시에 진행시키는 과정에서 육류 섭취에 적응해야 했을 것이라고 생각한다. 초기 인류가 살아 있는 짐승을 사냥했는지, 아니면 죽은 짐승의 시체를 찾아다녔는지, 또는 두 가지 행동 양식을 모두 나타냈는지의 여부는 인류학의 중요한 논쟁거리이다. 다음 장에서 그 문제를 살펴볼 것이다. 그러나 육류가 우리 조상들의 일상생활에서 중요한 역할을 했다는 것은 의심할 여지가 없다. 육류를 손에 넣기 위한 새로운 생존 전략은 상당한 정도의 사회 조직과 협력을 필요로 했을 것이다.

생물학자들은 대개 어떤 종의 생존 유형에 기본적인 변화가 일어나면 뒤이어 다른 변화가 뒤따른다는 사실을 잘 알고 있다. 그러한 2차 변화는 새로운 식사에 적응함에 따라 그 종의 해부학 구조에서 일어나는 것이 가장 흔한 경우이다. 우리는 초기 인류의 치아와 턱의 구조가 육류가 포함된 식사에 대한 적응형으로 바뀌면서 오스트랄로피테쿠스의 구조와 달라졌음을 살펴보았다.

최근에 인류학사들은 치아의 차이와 함께 초기 인류가 오스트랄로피테쿠스와는 달리 육체적으로도 훨씬 활동적인 생물이라는 사실을 믿게 되었다. 서로 독립적인 두 계열의 연구는 초기 인류가 빠른 속도로 달릴 수 있었으며, 그런 능력을 가진 최초의 사람종이었다는 결론에 이르렀다.

몇 년 전에 취리히에 있는, 로버트 마틴의 동료 연구학자 페터 슈미트(Peter Schmid)는 유명한 루시의 골격을 연구할 기회가 있었다. 슈미트는 루시가 본질적으로 인간의 모습일 것이라는 기대를 품고 유리 섬유로 된 화석 뼈의 주형으로 루시의 몸을 조합하기 시작했다. 그는 자신의 눈앞에 나타난 모습을 보고 깜짝 놀랐다. 루시의 흉곽이 원통형이 아니라 유인원의 경우처럼 원뿔형이었던 것이다. 루시의 어깨, 몸통, 허리 역시 여러 가지 면에서 유인원과 비슷했다.

1989년 파리에서 열린 국제회의에서 슈미트는 자신의 발견이 무엇을 뜻하는지 설명했다. 그것은 매우 중요한 발견이었다. 그는 이렇게 말했다. 오스트랄로피테쿠스 아파렌시스는 "우리가 달리면서 심호흡을 할 때처럼 흉부를 끌어올릴 수 없었을 것이다. 올챙이배에다 허리가 없고, 따라서 인간이 달리기를 할 때 중요한 역할을 하는 유연성에 제약을 받았을 것이다." 초기 인류는 잘 달릴 수 있었으나 오스트랄로피테쿠스는 그렇지 못했다.

이러한 민첩성과 연관되는 두 번째 계열의 증거는 몸무게와 키에 대한 레슬리 아이엘로의 연구 결과였다. 그녀는 현대인과 유인원에서 측정한 수치를 사람의 화석에서 얻은 데이터와 비교했다. 오늘날의 유인원은 몸집이 큰 편이다. 같은 키의 인간보다 두 배는 된다. 화석 데이터는 오늘날 우리에게 친숙한 패턴을 보여 주었다. 오스트랄로피테쿠스 종의 체격은 유인원과 비슷했다. 반면 모든 사람속 종은 사람과 비슷했다. 아이엘로의 발견과 슈미트의 연구는 오스트랄로피테쿠스와 사람속에서 나타나는 속귀의 해부학적 구조의 차이에 대한 스푸어의 발견과 일맥상통하는 것이다. 즉 두 발 보행을 향한 큰 진전은 새로운 신체의 변화와 함께 이루어진 것이다.

나는 2장에서 뇌 용량의 변화 외에 다른 주요한 변화가 사람속의 진화와 함께 일어났다는 사실을 암시했다. 이제 우리는 어떤 상황이었는지 알 수 있다. 즉 오스트랄로피테쿠스는 두 발을 가졌으나 민첩성에서는 제약이 있었다. 반면 사람속 종들은 민첩했다.

나는 앞에서 변화된 물리적 환경에서 효율적인 보행 방식으

로 두 발 보행 방식이 진화했다고 주장했다. 두 발을 갖게 된 유인
원이 그렇지 못한 유인원이 적응하지 못한 서식 환경에서 살아남
을 수 있었던 것은 그 때문이었다. 두 발을 가진 유인원은 사방이
트인 삼림지에 널리 퍼져 있는 식량 자원을 찾아 나설 때 더 넓은
지역을 돌아다닐 수 있었다.

사람속이 진화하면서 새로운 보행 방식이 등장했다. 그것은
여전히 두 발 보행이었지만 훨씬 민첩하고 활동적이었다. 이 점은
초기 인류처럼 사방이 트인 따뜻한 환경에서 활동하는 동물에게
는 중요한 특징이다. 효율적인 큰 걸음걸이의 두 발 보행으로의 변
화는 호미니드의 적응 과정에서 중요한 의미를 가졌다. 다음 장에
서 살펴보겠지만, 그 변화를 통해 어느 정도의 적극적인 사냥이 가
능해진 것이 분명하다.

활동적인 동물이 열을 발산하는 능력은 뇌의 생리학적 측면
에서 특히 중요하다. 뉴욕 주 올바니에 있는 뉴욕 주립 대학의 인
류학자 딘 포크(Dean Falk)는 그 점을 강조했다. 1980년대에 이루어
진 해부학적 특징에 대한 연구를 통해 그녀는 사람속의 경우 뇌에
서 피가 빠져나오는 혈관의 구조가 효율적으로 냉각될 수 있는 구
조를 이루고 있음을 보여 주었다. 반면 오스트랄로피테쿠스는 사

람속보다 효율이 떨어진다. 포크의 이른바 방열기(放熱機) 가설은 사람속의 뛰어난 적응력을 뒷받침하는 또 다른 주장이다.

사람속이 뛰어난 적응성을 보여 주었다는 사실은 새삼 강조할 필요가 없을 정도이다. 지금 우리의 모습 자체가 가장 뚜렷한 증거이다. 그러나 왜 두 발을 가진 다른 유인원은 우리의 일원이 아닌가?

200만 년 전에 사람속은 남아프리카와 동아프리카에서 몇몇 종의 오스트랄로피테쿠스와 공존했다. 그러나 100만 년 후 사람속은 위대한 고립 상태에 빠지고, 다양한 오스트랄로피테쿠스 종은 멸종했다(우리는 멸종을 실패의 증거로 보는 경향이 있다. 다시 말해서, 자연이 그 종에게 제기한 도전에 제대로 대처하지 못한 결과 멸종하게 되었다는 식으로 생각하는 것이다. 그러나 실제로 멸종은 모든 종의 궁극적인 운명으로 보인다. 오늘날 지금까지 존재했던 모든 종의 99.9퍼센트 이상이 멸종했다. 그 원인의 절반이 유전자 때문이라면, 나머지 절반은 운이 나빴기 때문일 것이다.). 과연 우리는 오스트랄로피테쿠스의 운명에 대해 무엇을 알고 있을까?

나는 때로 고기를 먹게 된 사람속이 오스트랄로피테쿠스 사촌을 잡아먹어 그들이 멸종한 것이 아니냐는 질문을 받는다. 나는 초기 인류가 영양을 비롯한 다른 동물을 잡아먹었던 것처럼 약한 오스트랄로피테쿠스를 잡아먹었을 것이라는 사실을 전혀 의심하지 않는다. 그러나 오스트랄로피테쿠스가 멸종한 원인은 그보다 훨씬 단순할 것이다.

우리는 호모 에렉투스가 아프리카 너머로 활동 영역을 넓힌 최초의 사람이기 때문에 매우 성공적인 종이었음을 알고 있다. 초기 인류의 숫자는 급격하게 늘어났을 것이다. 따라서 사람속은 오스트랄로피테쿠스와 중요한 생존 자원인 식량을 둘러싸고 치열한 경쟁을 벌였을 것이다. 더구나 100만 년 전과 200만 년 전 사이에는 땅에 사는 원숭이, 즉 비비들 역시 크게 번성해 숫자가 늘어나기 시작했다. 그들은 먹이를 둘러싸고 오스트랄로피테쿠스와 다투었을 것이다. 따라서 오스트랄로피테쿠스는 이중의 압력, 즉 사람속의 압력, 또 한편으로는 비비의 압력에 시달린 것이 분명하다.

4
고상한 사냥꾼

최소한 몇 가지 계열의 증거는 초기 인류의 체격이 적극적인 육류의 섭취를 나타낸다는 주장을 뒷받침한다. 수렵·채집의 생존 수단이 선사 시대의 극히 최근까지 지속되었다는 사실을 고찰하는 것이 합리적인 태도일 것이다. 지금부터 약 1만 년 전에 농경을 시작한 다음에야, 우리 조상들은 단순한 약탈 방식의 생활을 그만두기 시작했다.

인류학자들이 직면해 온 주요한 문제는 언제 이러한 사람의 생존 방식이 등장했는가라는 점이었다. 내 주장처럼 사람속이 처음 등장한 때부터 존재했는가? 아니면 최근의 적응 결과로 약 10만 년 전 현대인이 진화한 이후에야 나타났는가? 이러한 문제에 답하기 위해 우리는 화석과 고고학 기록에 숨어 있는 단서 속에서 수렵과 채집이라는 생존 방식의 흔적을 찾아야 한다.

이 장에서 우리는 최근 들어 나타난 이론의 변화를 살펴보게 될 것이다. 그것은 우리 자신과 우리의 조상을 바라보는 시각의 변화를 의미한다. 선사 시대의 증거에 대한 세밀한 조사가 어떻게 이루어졌는지 살펴보기 전에 먼저 약탈 방식의 생활이 어떤 모습이었는지 머릿속에 그려 보는 것도 도움이 될 것이다. 우리는 그 상(像)을 현대의 수렵·채집인을 통해 알 수 있다.

동물을 사냥하고 식물을 채집하는 것은 인간에게서만 찾아볼 수 있는 독특하고도 체계적인 생존 전략으로 매우 성공적이었다. 그 덕분에 인류는 남극 대륙을 제외한 지구의 거의 모든 지역에서 번성하였다. 열대 다우림에서 사막까지, 비옥한 해안에서 척박한 고원에 이르기까지 크게 다른 여러 환경을 인류가 차지했다. 음식은 환경에 따라 크게 달랐다. 북서아메리카 인디언들은 엄청난 양의 연어를 잡아들였지만, 칼라하리 사막의 쿵산 족은 몽공고 열매를 주요 단백질원으로 삼았다.

그러나 음식물과 생태 환경에 차이가 있다 하더라도 수렵·채집의 생활 방식에는 공통점이 많았다. 사람들은 작은 무리를 이루어 이동하며 생활했다. 성인 남자와 여자, 그리고 그들의 자식들이 중심이 된 약 25명 규모의 이런 무리들은 서로 영향을 주며 관습과 언어로 묶인 사회·정치적 연결망을 형성했다. 일반적으로 그 수가 500명에 이르는 이러한 연결망을 다이얼렉티컬 부족(dialectical tribe)이라고 부른다. 무리들은 임시 주거지를 설치하고 그곳을 거점으로 삼아 매일 음식을 찾아 나섰다.

인류학자들이 연구 대상으로 삼은 현대의 대다수 수렵·채집 사회의 경우 성(性)의 분화가 뚜렷하다. 즉 남자는 사냥을, 여자는 식물 채집을 하는 식이다. 주거지는 빈번한 사회적 상호 작용이 이루어지는 곳이며, 이곳에서 식량은 공유된다. 육류를 먹는 경우, 이러한 공유 과정으로서 때때로 엄격한 사회적 규율이 지배하는 정교한 의식이 거행된다.

서구인들의 눈에는 가장 단순한 기술로 주변의 자연 자원에서 먹을 것을 얻어 생계를 유지한다는 것이 무모한 도전처럼 비치겠지만, 실제로는 매우 효율적인 생존 방식이다. 먹을 것을 찾아 나선 사람들은 때로 3시간이나 4시간 만에 하루에 필요한 양의 충분한 음식을 모을 수 있다.

하버드 대학교 인류학자 연구진이 수행한 1960년대와 1970년대의 중요한 연구 프로젝트에 따르면, 쿵산 족의 경우에도 마찬가지임을 알 수 있다. 보츠와나의 칼라하리 사막에 있는 그들의 고향은 극단적인 불모지이다. 그곳의 수렵·채집인들은 도시화한 서구인들의 눈에는 이해하기 어려운 방식으로 물리적 환경에 적응한다. 그 결과, 그들은 오늘날의 관점에서 지극히 빈약해 보이는 자원을 이용할 줄 안다. 그들의 생존 방식이 가지는 강점은 상호 의존과 협력을 촉진하는 사회 조직 내에서 이렇게 식물과 동물 자원을 이용하는 데 있다.

인간의 진화에서 사냥이 중요한 구실을 했다는 생각은 인류학에서 오랜 역사를 가지고 있으며, 그 뿌리는 다윈에까지 거슬러 올라간다. 1871년에 쓴 『인간의 유래』에서 그는 돌 무기가 약탈자에 대한 방어 수단으로 쓰였을 뿐만 아니라 먹이를 잡기 위해서도 사용되었다고 말했다. 그의 주장에 따르면, 인공적으로 제작된 무기를 이용해 사냥을 했다는 사실이 부분적으로 사람을 사람답게 만들었다는 것이다. 우리 조상에 대한 다윈의 견해는 5년에 걸친 비글 호 항해의 경험에서 큰 영향을 받았음이 분명하다.

다음은 그가 남아메리카 남단에 있는 티에라델푸에고 사람들을 만나고 나서 쓴 글이다.

　　우리가 미개인의 후손이라는 사실은 조금도 의심의 여지가 없다. 황량하고 거친 해안가의 푸에고 인들을 처음 본 순간 얼마나 놀랐는지 결코 잊지 못할 것이다. 그때 어떤 생각이 내 머리에 떠올랐다. 그 사람들이 우리 조상이라는 생각 말이다. 그들은 실오라기 하나 걸치지 않았다. 몸에는 여기저기 덕지덕지 칠을 하고, 긴 머리칼은 엉클어져 있었다. 그들은 흥분으로 입에 거품을 물고, 경악과 의구심에 가득 찬 사나운 표정을 짓고 있었다. 그들은 거의 아무런 기술도 없었으며, 야생 동물처럼 잡을 수 있는 것은 무엇이든 잡아먹고 살았다.

　　사냥이 인간의 진화에 중심적인 역할을 했다는 확신과, 우리 조상의 생활 방식과 현존하는 원시적인 기술 수준의 사람들의 생활 방식을 비교 추론한 결과는 인류학자들의 사고방식에 확고한 영향을 미쳤다. 러트거스 대학교의 생물학자 티머시 퍼퍼(Timothy Perper)와 인류학자 카르멜 슈리레(Carmel Schrire)는 이 문제에 대한 사려 깊은 시론에서 이 점을 다음과 같이 간결하게 표현했다. "사냥 모델은…… 사냥과 육류 섭취가 인간의 진화를 촉발했으며, 인간을 오늘날과 같은 생물로 만들었다는 가정에 바탕을 두고 있다." 이 모델에 따르면 사냥 활동이 세 가지 측면에서 우리 조상의 모습을 결정했다고 퍼퍼와 슈리레는 설명하고 있다. "즉 초기 인간의 심리적·사회적 행동, 그리고 세력권과 연관된 행동에 영향을 미쳤다."

이 주제에 대한 고전이라 할 수 있는, 남아프리카의 인류학자 존 로빈슨(John Robinson)의 1963년 논문은 인류학이 선사 시대의 사냥에 두고 있는 큰 비중을 다음과 같이 표현했다.

나는 육류 섭취가 엄청난 중요성을 갖는 진화적 변화라고 생각한다. 그로 인해 광범위한 진화의 새로운 분야가 열렸다. 내 생각으로 그 변화는 진화적 중요성이라는 측면에서 포유류의 기원과 맞먹을 정도이다. 네 발 동물의 기원과 맞먹는다는 표현이 더 적절할 것이다. 지능과 문화의 상대적으로 큰 확장과 함께, 그 변화는 진화상(進化像)에 새로운 차원과 새로운 진화 메커니즘을 도입시켰다. 그와 비교한다면 다른 동물의 경우는 아무리 뛰어나도 그림자에 불과할 것이다.

우리가 가정한 사냥이라는 유산에는 신화적인 측면도 있었다. 그것은 금지된 과일을 따 먹고 낙원을 떠나야 했던 아담과 이브의 원죄에 해당하는 것이었다. "사냥 모델에 따르면, 사람은 가

혹한 사바나에서 살아남기 위해 고기를 먹었다. 그리고 이러한 생존 전략 덕분에 그 이후 인류의 역사는 폭력, 정복, 그리고 유혈 사태로 얼룩졌다." 퍼퍼와 슈리레의 말이다. 이것은 레이먼드 다트가 1950년대에 쓴 몇 편의 논문의 주제이며, 그보다 대중적으로 로버트 아드레이(Robert Ardrey)가 제기한 주제이기도 한다. "인류는 아무런 죄도 없는 순결한 상태에서 태어난 것이 아니며, 아시아에서 태어나지도 않았다."라는 말은 아드레이가 1971년에 쓴 『아프리카 창세기(*Aftican Genesis*)』의 유명한 첫머리이다. 그러한 생각은 대중과 전문학자들을 강하게 사로잡았다. 앞으로 살펴보게 되겠지만, 이 개념은 고고학적 기록을 이런 관점에서 해석하는 데 중요한 역할을 하게 되었다.

시카고 대학교에서 '수렵인으로서의 인간'이라는 주제로 열린 1966년의 회의는 사냥이 인간의 진화에서 차지하는 역할에 대한 인류학적 사고의 발전 과정에서 하나의 이정표 역할을 했다. 회의는 몇 가지 측면에서 중요한 의미를 가졌다. 왜냐하면 그 회의를 통해 대부분의 수렵·채집인 사이에서 식물 채집이 주요한 칼로리 공급원이라는 인식이 이루어졌기 때문이다.

또한 이 회의에서는 다윈이 1세기 전에 말했듯이, 오늘날 우리가 알고 있는 현대의 수렵·채집인들의 생활 방식이 최초의 조상들의 행동 유형과 같다고 보았다. 그 결과 선사 시대의 기록에서 (석기와 동물 뼈의 중첩이라는 형태로) 나타나는 육류 섭취의 명백한 증거는 내 친구이자 동료인 하버드 대학교의 인류학자 글린 아이작 (Glynn Isaac)의 말처럼 뚜렷한 의미를 내포하게 되었다. "돌과 뼈의 흔적을 홍적세까지 추적한 결과, 이들 중첩된 석기와 동물 유적지를 '화석의 본거지'로 다루는 것은 …… 당연해 보인다." 다시 말하면, 우리 조상들은 원시적인 형태이기는 하지만 현대의 수렵·채집인들과 같은 방식으로 생활했다는 것이다.

아이작은 '음식 공유 가설(food-sharing hypothesis)'로 인류학적 사고의 중요한 발전을 이루었다. 그는 1978년 《사이언티픽 아메리칸(*Scienfic American*)》에 실린 한 논문에서 그 가설을 발표하고, 인간의 행동을 형성시킨 원동력을 사냥이 아닌 음식의 공동 획득과 공유라는 특성에서 찾았다. 또한 그는 다윈 서거 100주년을 기념하기 위한 1982년 회의에서는 "음식을 공유한 행위는 언어·사회적 상호 작용, 지능의 발전을 촉진했을 것이다."라고 말했다.

그는 1978년의 논문에서 다음과 같은 다섯 가지 행동 유형이 나타나면서 사람이 유인원과 분리되었다고 썼다. (1) 두 발 보행,

(2) 구어(口語), (3) 사회적 맥락에서 이루어지는 규칙적이고 체계적인 음식 공유, (4) 본거지에서의 삶, (5) 대형 동물의 사냥. 이러한 행동 유형은 물론 현생 인류에게서도 나타나는 특성이다. 그러나 아이작은, 200만 년 전에 "여러 가지 근본적인 변화가 호미니드의 사회적·생태적 장치에서 일어나기 시작했다."라고 말했다. 그들은 이미 발달하기 시작한 수렵·채집인이었다. 그들은 이동하는 소규모 무리를 형성해서 생활했고, 임시 주거지를 마련해 남성들은 사냥을 나서고 여성들은 식물을 채집했다. 주거지는 사회활동의 중심이었으며, 그곳에서 음식이 공유되었다. "고기는 주요 급식원이었다. 그것은 주로 사냥 또는 습득을 통해 손에 넣었을 것이다." 이 말은 아이작이 비극적으로 요절하기 1년 전인 1984년에 내게 한 말이다. "대부분의 고고학 유적지에서 획득된 증거를 고려할 때, 당신은 그런 설명을 할 수밖에 없을 것이다."

아이작의 관점은 고고학 기록의 해석 방법에 큰 영향을 미쳤다. 석기가 동물의 화석 뼈와 함께 발견될 때마다 그것은 고대의 '본거지'를 나타내는 증거, 즉 수렵·채집인 무리들이 며칠 동안의 활동으로 남긴 희미한 흔적으로 받아들여졌다. 아이작의 주장은 상당한 타당성을 가졌다. 따라서 나는 1981년에 발간한 『인류의 형성(*Making of Mankind*)』에서 이렇게 썼다. "음식 공유 가설은 원시 인류가 현대인으로 진화하는 길로 들어서게 만든 근원을 설명할 수 있는 강력한 후보이다."

그 가설은 우리가 화석과 고고학 기록을 보는 관점과도 일치하는 것으로 생각되었다. 그리고 그것은 엄밀한 생물학적 원리에 따른 결론이었다. 스미소니언 연구소의 리처드 포츠(Richard Potts)도 내 생각에 동의했다. 『올두바이에서의 초기 호미니드의 활동(*Early Hominid Activities at Olduvai*)』이라는 1988년의 책에서 그는 아이작의 가설이 "매우 매력적인 해석으로 보인다."라고 말하며 다음과 같은 점을 지적했다.

본거지, 음식 공유 가설은 인류학자들에게 중요한 의미를 갖는 인간 행동, 사회생활의 여러 가지 측면, 즉 상호 작용 체계, 교환, 혈통 관계, 생존, 분업, 그리고 언어 등의 요소들을 하나로 결합시킨다. 뼈와 돌을 통해 고고학 기록에 나오는 수렵·채집 생활 방식으로 보이는 여러 가지 요소에 대한 관찰을 통해 고고학자들은 다른 요소들이 그 뒤를 이을 것이라고 추론했다. 그것은 매우 완벽한 상(像)이었다.

그러나 1970년대 말과 1980년대 초에 이러한 생각은 바뀌기 시작했다. 그 과정에서 주된 역할을 한 사람은 아이작, 그리고 당시 뉴멕시코 대학교의 인류학자였던 루이스 빈포드(Lewis Binford)였다. 두 사람은 선사 시대 기록에 대한 유력한 해석의 대부분이 드러나지 않은 가정에 근거하고 있다는 것을 깨달았다. 그들은 각기 독립적으로 실제 기록을 통해 확인할 수 있는 사실과 가정에 근거한 사실을 구분하기 시작했다. 그것은 동일한 장소에서 돌과 동물 뼈를 찾는 작업의 중요성에 의문을 제기하는 아주 근본적인 수준의 것이었다.

이러한 공간적 일치가 그동안의 가정처럼 선사 시대에 도살이 이루어졌다는 암시일까? 설령 도살이 있었다는 사실을 증명할 수 있다 하더라도, 그것이 도살을 행한 사람들이 현대의 수렵·채집인과 같은 방식으로 생활했다는 증거가 될 수 있을까?

아이작과 나는 다양한 생존 가설에 대해 이야기를 나누곤 했다. 그는 뼈와 돌이 (어떤 중간 과정을 거쳤는지는 모르지만) 최종적으로 같은 장소에 있게 되었지만, 그 사실이 수렵·채집이라는 생활 방식과는 아무런 관련이 없다는 식의 시나리오를 만들어 내곤 했다. 가령 초기의 인간 집단이 단지 그늘을 찾아 나무 밑에서 얼마 동안 시간을 보내다가 짐승의 사체를 절단하기 위한 목적이 아닌 다른 용도로 돌을 깼을지도 모른다. 이를테면 식물의 뿌리를 캐는 데 쓰였을 막대기를 다듬기 위해 박편을 만들었을 수도 있는 것이다. 그리고 얼마 후 이들 무리가 다른 곳으로 이동한 다음, 표범이 ― 종종 그렇듯이 ― 나무에 올라가 사냥감을 먹었을 수도 있다. 그리하여 시간이 흐른 뒤 짐승의 사체가 썩어, 그 뼈가 땅에 떨어져 도구 제작자들이 그곳에 남기고 간 박편들 사이에 놓이게 되었을 수도 있는 것이다.

150만 년 후 이 유적지를 답사하는 고고학자가 이 시나리오와, 이동하는 수렵 · 채집인 무리가 도살을 했다고 생각한 과거의 해석을 구별할 수 있겠는가? 나는 원시 인류가 (오늘날의 방식과는 다를지라도) 수렵과 채집을 했을 것이라는 직관적인 생각을 갖고 있다. 그러나 나는 그 증거를 한 점의 오차도 없이 확실하게 해석하고 싶어 하는 아이작의 의도를 엿볼 수 있었다.

종전의 지식에 대한 루이스 빈포드의 공격은 아이작보다 훨씬 신랄했다. 1981년에 발간한 『뼈 : 고대 인류와 현대의 신화 (*Bones: Ancient Men and Modern Myth*)』라는 저서에서 그는 석기와 동물 뼈가 함께 출토된 곳을 고대의 주거지 흔적으로 보는 고고학자들이 "호미니드의 과거에 대해 '그럴듯하게' 이야기를 짜맞추고 있다."라고 빈정댔다. 초기 고고학 유적지에 대해 거의 연구를 한 적이 없는 빈포드는 처음에는 네안데르탈인의 뼈에 대한 연구에서 그의 견해를 도출했다. 네안데르탈인은 유라시아에서 약 13만 5000년 전과 3만 4000년 전 사이에 살았다.

"나는 비교적 최근 조상들의 이러한 수렵과 채집 생활 방식이 현생 호모 사피엔스(현대인)의 방식과 크게 달랐음을 확신하게 되었다." 그는 1985년에 쓴 평론에서 이렇게 말했다. "이것이 사실이라면 초기의 호미니드에 대한 '일치된' 학설에서 묘사하는 거의 '사람'에 가까운 생활 방식은 전혀 있을 법하지 않은 조건인 셈이었다." 빈포드는 체계적인 수렵이 현대인이 진화한 후에야 나타나기 시작했다고 말했다. 그는 현대인이 진화한 시기를 4만 5000년 전에서 3만 5000년 전 사이로 추정했다.

빈포드는 모든 초기 고고학 유적지를 고대 주거지의 흔적으로 볼 수 없다고 주장했다. 그는 올두바이 계곡의 몇몇 유명한 고고학 유적지에서 나온 뼈에 대한 다른 사람들의 데이터를 분석해서 이러한 결론에 이르렀다. 그 장소들은 사람이 아닌 포식자가 짐승을 죽인 장소였다고 그는 말했다. 사자와 하이에나와 같은 포식자가 일단 자리를 뜨면, 호미니드가 그 자리에 와서 포식자들이 먹다 남긴 것을 주워 먹었다는 것이다. "그들이 먹을 수 있었던 주요한(또는 대개의 경우 유일한) 부위는 골수였다. 호미니드가 음식을 획득한 장소에서 본거지로 음식을 옮겼다는 생각을 뒷받침할 만한 증거는 하나도 없다.…… 마찬가지로 음식을 공유했다는 주장 역시 아무런 증거를 갖지 못하고 있다."

이 주장은 200만 년 전의 우리 조상에 대해 전혀 다른 상을 제시한다. 빈포드는 이렇게 말했다. "우리는 인류의 조상을 낭만적인 모습으로 치장해서는 안 된다. 그중에서 잡식성인 종은 포식자가 먹다 남긴 죽은 유제류(有蹄類) 동물의 사체를 (비록 적은 양일지라도) 먹었을 것이다."

원시 인류의 선사 시대에 대한 이 견해에 따르면, 우리 조상들은 생존 방식뿐만 아니라 다른 행동 요소에서도 사람과는 달랐다. 이를테면 언어, 도덕성, 의식 등이 없었을 것이다. 빈포드는 이렇게 결론지었다. "우리 종은 점진적이고 누진적인 과정의 결과로서가 아니라 비교적 짧은 시기에 폭발적인 발전의 결과로 이루어졌다." 이것이 논쟁의 철학적 핵심이었다. 초기 인류가 여러 측면에서 인간다운 생활 방식을 나타냈다면, 우리는 점진적인 과정을 통해 인간성의 본질이 드러났다는 사실을 받아들여야 한다. 그것은 우리를 먼 과거와 연결해 주는 것이다. 그러나 진정 사람다운 행동이 최근에 나타나기 시작해 폭발적으로 발전한 것이라면, 우리는 먼 과거와 자연의 나머지 생물들과는 단절된 위대한 고립 상태에 처하는 셈이다.

아이작은 빈포드와 마찬가지로 선사 시대의 기록에 대한 과대 평가를 우려했지만, 그는 빈포드와 다른 접근 방법을 시도했다. 빈포드는 대부분 다른 사람의 데이터를 토대로 연구했다. 반면 아이작은 스스로 고고학 유적지를 답사해 새로운 눈으로 증거를 살펴보기로 작정했다. 사냥과 청소(scavenging: 하이에나와 같은 동물이 포식자가 먹다 남긴 사체를 먹어 치우는 것을 의미한다.—옮긴이)의 구별이 아이작의 음식 공유 가설에서 결정적인 것은 아닐지라도, 고고학 기록에 대한 재검토는 매우 중요한 일이었다. 우리의 조상은 수렵인이었는가, 아니면 짐승 사체의 청소부였는가? 이것이 논쟁의 문제였다.

이론적으로 사냥은 고고학 기록에 청소와는 다른 방식으로 흔적을 남겼을 것임에 틀림없다. 그 차이는 그들이 남겨 놓은 짐승 사체의 부위에서 명백하게 드러날 것이다. 예를 들어, 수렵인이 사냥감을 포획했을 때 그는 짐승 사체 전부를 임시 주거지로 옮길 것인지, 아니면 일부를 옮길 것인지 선택의 갈림길에 선다. 반면에 사체를 청소한 사람들은 사냥감이 버려진 곳에서 찾아내는 것만을 손에 넣을 수 있을 뿐이다. 즉 그가 주거지로 가지고 돌아올 수 있는 부위는 훨씬 제한적일 것이다. 따라서 호미니드 수렵인의 주거지에서 발견되는 뼈는 짐승 사체를 청소한 호미니드의 주거지에 남아 있는 뼈보다 훨씬 다양할 것이다. 때로는 골격 전체가 들어 있는 경우도 있을 것이다.

그러나 포츠가 지적한 대로 이러한 논리 정연한 생각을 뒤집을 수 있는 많은 요소가 있다. "짐승 사체를 청소하는 자들이라고 해도 자연사한 동물의 사체를 발견한 경우에는 몸통 전체를 손에 넣을 수 있고, 그 결과 생기는 뼈의 유형은 사냥의 결과와 다를 것이 없다. 또한 포식자가 거의 먹지 않고 남겨 둔 사냥감을 차지했을 때에도 사냥의 결과와 비슷할 것이다. 그 차이를 어떻게 식별하겠는가?"

시카고 대학교의 인류학자 리처드 클라인(Richard Klein)은 남아프리카와 유럽에서 출토된 많은 뼈들을 분석했는데, 두 가지 생존 방법을 구별하는 일은 불가능할 수도 있다고 생각했다. "뼈가 주거지에 남아 있을 가능성은 너무나 많아서, 그리고 일어날 수 있는 경우의 수가 너무나 많아서, 호미니드의 생존 방식이 수렵과 청소 두 가지 중 어느 쪽이었는가라는 물음은 결코 해답을 얻을 수 없을지도 모른다."

아이작이 이 새로운 개념을 검증하기 위해 발굴을 시작한 장소는 '유적지 50'이라고 알려진 곳으로, 케냐 북부에 있는 투르카나 호에서 동쪽으로 약 24킬로미터 떨어진 카라리 이스카프먼트 근처였다. 1977년부터 3년 동안 그를 비롯한 고고학자·지질학자 팀은 작은 하천이 있는 모래 언덕인 고대의 지표면을 파헤쳤다. 조심스럽게 그들은 1,405개의 석기 조각과, 대부분 작았지만 일부는 상당히 큰 2,100개의 뼛조각을 찾아냈다. 그것은 약 150만 년 전에, 계절에 따라 흐르는 하천이 우기 초기에 범람했을 때에 묻혔던 것이었다.

오늘날 그 지역은 오랜 침식으로 형성된 황무지로서 여기저기 관목과 수풀이 흩어져 있는 매우 건조한 곳이다. 아이작과 그의 팀이 설정한 목표는 석기와 많은 동물 뼈들이 같은 장소에 모이게 된 150만 년 전의 일을 밝혀내는 것이었다.

그보다 앞서 제기된 반론에서 빈포드는 뼈와 돌이 동시에 발굴되는 경우가 많은 이유는 물의 작용 때문이라고 주장했다. 빠른 물살 때문에 뼈와 돌 조각이 함께 움직이다가 에너지가 낮은 지점, 즉 물의 흐름이 넓어지거나 굽어 있는 제방 안쪽에 쌓일 수 있다는 것이다.

그의 주장에 따르면, 뼈와 돌을 이용한 인공물(석기)이 같은 장소에 모이게 된 것은 호미니드의 활동 때문이 아니라 우연의 결과일 뿐이다. 따라서 '고고학 유적지'는 단지 물에 의해 옮겨진 허섭스레기들의 집합 장소인 셈이다. 그러나 그런 설명은 '유적지 50'에는 맞지 않는 것 같았다. 왜냐하면 땅의 표면이 하천 안쪽이 아니라 강둑에 있었기 때문이다. 또한 지질학적 조사를 통해 밝혀진 단서에 따르면, 그 유적지는 매우 서서히 땅 속에 묻혔다는 것이다.

그럼에도 불구하고 뼈와 돌의 직접적인 관계는 (추측이 아니라) 실제로 증명되어야 했다. 그 증명은 전혀 예상치 못한 방식으로 이루어졌고, 최근 고고학 연구에 하나의 이정표가 되는 중요한 발견 중 하나가 되었다.

금속이나 돌로 된 칼로 동물을 자르거나 뼈에서 살을 발라낼 때, 도살자는 불가피하게 칼로 뼈를 건드려 길게 팬 홈이나 칼자국을 남기게 마련이다. 절단하는 동안 칼자국은 관절 부위에 집중되겠지만, 살을 발라낼 때도 역시 다른 부위에 자국을 남길 것이다.

위스콘신 대학교의 고고학자 헨리 번(Henry Bunn)은 '유적지 50'에서 나온 뼛조각 일부를 조사하는 과정에서 그러한 홈을 발견했다. 현미경을 통해 관찰한 결과, 횡단면이 V자인 것을 볼 수 있었다. 이것은 150만 년 전 호미니드 조상이 만들어놓은 칼자국이었을까? 현대의 뼈와 돌 조각을 가지고 한 실험에 따르면 그것은 사실이었다. 결론적으로 그 유적지의 뼈와 돌은 인과 관계가 있다는 것이 사실이었다. 결론적으로 그 유적지의 뼈와 돌은 인과 관계가 있다는 것이 증명된 셈이다. 호미니드는 그것을 그곳에 가져와 식사를 위해 자르는 등 가공을 했다. 이러한 발견은 초기 고고학 유적지에 있는 뼈와 돌 사이에 행위적 연관이 있음을 보여 준 최초의 경우였으며, 그것은 고대 유적지의 신비를 벗길 수 있는 결정적인 증거였다.

과학에서는 때때로 중요한 발견이 거의 동시에 독립적으로 일어나는 경우가 있다. 칼자국이 그러한 경우였다. 투르카나 호 주변과 올두바이의 고고학 유적지에서 나온 뼈를 분석하면서 리처드 포츠와 존스 홉킨스 대학교의 고고학자인 팻 시프먼(Pat

Shipman) 역시 칼자국을 찾아냈다. 그들의 연구 방법은 번의 경우와는 좀 달랐다. 그러나 찾아낸 해답은 똑같았다. 약 200만 년 전의 호미니드는 짐승의 사체를 절단하고 뼈를 발라내는 데 박편을 이용했다 그림 11. 지금 돌이켜 생각하면, 그동안 칼자국이 발견되지 않았다는 것은 놀라운 일이다. 포츠와 시프먼이 조사한 뼈들은 이미 여러 사람들이 수차례 연구한 적이 있는 뼈였기 때문이다.

물론 널리 인정받고 있는 고고학 이론이 맞다면 도살의 흔적이 화석의 뼈에 남아 있어야 한다는 확신이 순간적으로 들 수도 있을 것이다. 그러나 끈질기게 조사한 사람은 아무도 없었다. 그 해답은 이미 가정으로 나와 있었기 때문이다. 그러나 일단 널리 인정받는 이론의 숨겨진 가정에 의문이 제기되자 그것을 발견할 수 있는 절호의 기회가 왔다.

'유적지 50'에서는 호미니드가 일상적으로 석기를 이용해 뼈를 다루었다는 더 많은 증거가 나왔다. 그 유적지에서 나온 일부 기다란 뼈는 산산조각이 나 있었다. 그것은 누군가가 돌 위에 뼈를 올려놓고 일련의 타격을 가한 결과이다. 그렇게 해야만 뼛속에 들어 있는 골수를 끄집어낼 수 있었다. 이러한 시나리오는 조각 그림 맞추기를 하듯 구석기 시대의 조각난 뼈들을 맞추어 재구성한 것

그림 11
고대의 도살 흔적. 케냐 북부의 150만 년 된 고고학 유적지에서 나온 동물 뼈 화석의 표면에 있는 이 자그마한 칼자국(화살표가 가리키는 것)은 초기 인간이 짐승의 사체에서 살점에 떼어 내기 위해 날카로운 석기를 썼다는 증거이다.

이다. 조각을 다시 결합하자 전체적인 뼈의 모양이 드러났으며, 파손 유형에 대한 분석이 이루어졌다. 뼈가 부서진 패턴 속에는 뼈에 가해진 충격의 특성을 보여 주는 특징이 들어 있었다.

"망치로 산산이 부서진 뼛조각을 맞추면서, 뼈를 부수고 골수를 꺼내 먹었던 초기 원인(原人)들의 모습을 그려 볼 수 있다." 아이작과 그의 동료들은 그들의 발견을 설명하는 논문에서 이렇게 썼다. 칼자국에 대해서 그들은 이렇게 말했다. "끝이 날카로운 돌을 영양의 다리를 가르기 위해 쓸 때 형성된 자국과 뼈의 관절 끝 부분을 찾아내기 위해서는, 도살이 진행된 매우 구체적인 과정을 상상해 볼 수밖에 없다."

150만 년 전에 호미니드가 벌였던 활동의 상 이외에 돌 자체가 전해 주는 메시지도 있다. 돌 깨는 사람이 자갈을 깨뜨려 박편을 만드는 과정에서 돌 조각들이 주변의 좁은 지역에 떨어지게 마련이다. 이것이 바로 위스콘신 대학교의 고고학자 엘렌 크롤(Ellen Kroll)이 '유적지 50'에서 알아낸 사실이다.

돌 깨는 작업은 유적지의 한쪽 끝에서 집중적으로 이루어졌다. 마찬가지로 뼛조각도 같은 장소에 집중되어 분포되어 있었다. 그 가운데는 메기의 등뼈뿐만 아니라 기린, 하마, 큰 영양, 얼룩말 비슷한 동물의 뼈 일부가 있었다.

"유적지의 북쪽 끝이 왜 그런 작업을 하기에 적절한 곳이었는지는 단지 추측해 볼 도리밖에 없다. 그런데 우리의 관찰 결과는,

그곳에 그늘을 드리우는 나무가 있었음을 암시하고 있다." 아이작과 동료들은 이렇게 썼다. 그런데 박편을 통해 알 수 있는 훨씬 더 놀라운 사실은, 산산조각 난 긴 뼈처럼 박편 역시 그 일부를 다시 맞추어 보면 원래의 용암 자갈을 만들어 낼 수 있다는 것이다.

나는 2장에서 니콜라스 토스와 로렌스 킬리가 여러 개의 박편을 현미경으로 세밀하게 분석한 결과 도살, 나무 깎기, 부드러운 식물 조직 자르기 등의 흔적을 찾아냈다고 말했다. 그런 박편들이 '유적지 50'에서 나왔으며, 분석 결과 150만 년 전에 있었던 다양한 활동을 알 수 있었다. 이는 물에 의해 쓰레기들이 모인 것이라는 생각과는 거리가 멀었다. '유적지 50'에서 호미니드가 짐승 사체의 일부를 그곳으로 가지고 오기도 했으며, 그곳에서 석기로 가공을 하기도 했다. 뼈와 돌을 음식 가공이 이루어지는 중심지로 옮겼다는 사실을 증명해 보인 것은 1970년대 말의 이론적 혼란기 이후 인류학 이론이 재정비되는 주요한 단계였다. 그러나 이러한 증거가 '유적지 50'에서 살았던 호미니드, 즉 호모 에렉투스가 수렵을 했는지, 또는 포식자가 남긴 먹이를 청소했는지의 여부를 암시하는 것일까?

아이작과 그의 동료들은 이렇게 말했다. "뼈 더미의 특징을 살펴보면 육류를 획득하는 주된 방법이 적극적인 사냥이 아니라 청소였다는 가능성을 진지하게 고려하지 않을 수 없다." 짐승 사체 전체가 유적지에서 발견된다면 사냥이라는 결론을 내릴 수 있을 것이다. 그러나 앞에서 지적한 대로 뼈 더미의 유형에 대한 해석은 잠재적인 오류 가능성으로 가득 차 있다. 그러나 초기 인류의 경우 청소로 육류를 획득했음을 암시하는 다른 증거가 있다.

시프먼은 고대의 뼈에 나 있는 칼자국의 분포를 조사해서 두 가지 점을 관찰했다. 첫째, 약 절반가량에서 절단이 이루어졌음을 발견할 수 있다. 둘째로, 대부분이 거의 살을 발라낸 뼈라는 것이다. 더구나 대부분의 칼자국이 육식 동물이 남긴 이빨 자국과 뒤섞여 있었다. 그것은 호미니드가 먹잇감을 사냥하기 전에 이미 육식 동물이 그 뼈에 접근했다는 사실을 암시한다. 이것은 "청소에 대한 분명한 증거"라고 시프먼은 결론지었다. 그녀가 지적한 우리 조상의 이미지는 "무척이나 낯설고, 노골적으로 적나라한 것"이었다. 그것은 분명히 전통적 이론에서 제시하는 고상한 수렵인으로서의 인간의 모습과는 거리가 멀었다.

나는 초기 인류의 경우 육류 섭취가 청소를 통해서도 이루어졌을 것이라고 추측하곤 했다. 시프먼이 말한 대로, "육식 동물들은 가능하면 짐승의 사체를 청소하고, 어쩔 수 없을 때만 사냥을 한다." 그러나 나는 최근 고고학의 지적 혁명이 (과학에서 종종 그렇듯이) 지나친 비약을 하고 있다고 생각한다. 초기 인류가 사냥을 하지 않았다고 보는 견해가 바로 그런 지나친 비약인 것이다.

나는 칼자국에 대한 시프먼의 분석을 통해 거의 살이 없는 뼈에 대해 굉장히 많은 것을 알 수 있다는 점이 중요하다고 본다. 이러한 뼈에서 무엇을 얻을 수 있을까? 힘줄과 피부 같은 재료를 이용하면 몸집이 큰 사냥감을 잡기 위한 효과적인 덫을 만들 수 있다. 만약 초기 호모 에렉투스가 이러한 형태의 사냥을 하지 않았다면 무척이나 놀라운 일일 것이다. 사람속의 진화와 함께 나타난 인간다운 체격은 사냥을 위한 적응형과 관련이 있다.

아이작에게 있어서 '유적지 50'에서의 조사 작업은 유익했다. 그 과정에서 호미니드가 뼈와 돌을 중심지로 옮겼다는 확신을 가졌지만, 호미니드가 그러한 곳을 본거지로 삼았다고 단정할 수는 없었다. "나는 지금 과거에 발간한 논문에서 제시한 초기 호미니드의 행동에 대한 가설에서 초기 호미니드를 지나치게 사람에 가까운 모습으로 보았음을 깨달았다." 이것은 그가 1983년에 한 말이다. 따라서 그는 '음식 공유 가설'을 수정해서, '중심지 식량 구하기 가설'로 바꾸었다. 나는 그가 지나치게 신중했다고 생각한다.

나는 '유적지 50'에서의 연구 결과가, 호모 에렉투스가 며칠 간격으로 임시 주거지에서 다른 주거지로 옮기면서 수렵·채집인으로 살았다는 가설을 뒷받침한다고는 생각하지 않는다. 그들은 주거지로 음식을 가져오고, 그곳에서 음식을 공유했다. 아이작이 제기한 음식 공유 가설을 충족시켜 주는 사회적·경제적 환경의 흔적이 '유적지 50'에 얼마나 있을까? 그러나 내 판단으로는 초기 인류의 사회적 능력, 인식 능력, 기술 능력 등이 침팬지 등급을 거의 넘지 못했다는 이론이 굳이 필요없을 만큼 연구 결과를 통해 제시된 충분한 증거가 있다고 생각한다. 그렇지만 그들이 소규모 수렵·채집인이었다고 말하는 것은 아니다. 그러나 나는 원시 수렵·채집인의 인간다운 요소가 이 시기에 성립되기 시작했다고 확신한다.

우리는 호모 에렉투스의 최초 시기의 일상생활이 어떤 모습이었는지 확실하게 알 수 없지만, '유적지 50'의 풍부한 고고학 증거와 우리의 상상력을 통해 150만 년 전의 모습을 복원할 수 있다.

계절에 따라 흐르는 시내는 거대한 호수의 동쪽에 있는 넓은 범람원 너머로 천천히 흐른다. 키 큰 아카시아 나무가 시내에 흐르는 둑을 따라 늘어서 있다. 오랜 세월 동안 시내의 바닥은 물이 말라 있었다. 그러나 최근 북쪽 언덕에 비가 내려 물이 호수로 흘러내리고 시냇물이 천천히 불어나고 있다. 몇 주 동안 범람원은 여러 색으로, 마치 소용돌이치는 하얀 구름처럼 오렌지빛 땅과 낮은 아카시아 수풀을 배경으로 노란색과 자주색의 넘실대는 꽃이 핀 풀로 빛나고 있다. 우기가 임박한 것이다.

시내의 한 굽이에는 소규모 사람 집단이 있다. 성인 여자 다섯 명, 한 무리의 아이들, 그리고 젊은이들이다. 그들은 체격이 건장하고 힘이 세다. 그들은 큰 소리로 떠들어대고 있는데, 주고받는 말의 일부는 분명히 사회생활과 관련된 것이며, 일부는 오늘의 일정에 대한 토론이다. 해가 뜨기 전 이른 새벽, 네 명의 남자가 고기를 얻기 위해 길을 떠난 후였다. 여자의 할 일은 식물을 채집하는 것이다. 모두들 자신이 해야 할 일을 이해하고 있다. 남자는 사냥을 하고 여자는 채집을 한다. 이것은 이 집단의 생존을 위한 매우 효율적인 체제이며, 오랫동안 유지돼 온 체제이기도 하다.

여자 3명이 막 떠날 채비를 하고 있다. 아기를 운반하는 도구이자 음식을 담는 가방도 되는, 어깨에 걸친 동물 가죽을 벗자 나체가 된다. 그들은 짧고 날카로운 막대기를 손에 들고 있다. 그 막대기들은 한 여자가 튼튼한 나뭇가지를 날카로운 박편으로 다듬어 미리 준비해 둔 것이다. 이것은 땅을 파헤치는 막대기이다. 이것으로 여자들은 깊이 파묻힌 즙이 많은 덩이줄기를 파낼 수 있다. 대부분의 대형 영장류는 이런 덩이줄기에 접근할 수 있다.

드디어 여자들이 길을 떠난다. 대개 그렇듯이 일렬로 호수 유역에 있는 먼 언덕을 향해 걸어간다. 그들은 이미 알고 있는, 열매와 덩이줄기가 풍부한 곳으로 이어진 길을 따라간다. 익은 과일을 먹으려면 비가 자연적인 작용을 하고 난 후인 가을까지 기다려야 할 것이다.

시내 쪽에서는 남은 두 여자가 키 큰 아카시아 밑의 부드러운 모래밭에서 세 아이들의 재롱을 보며 쉬고 있다. 이들은 나이가 들어 동물 가죽으로 된 운반 도구로 옮기는 일도 할 수 없다. 사냥이나 채집에 나서기에 너무 어린 아이들은 모든 인간 아이들이 하는 짓을 하고 있다. 그들은 남을 흉내 내는 놀이를 하거나 어른들의 삶이 반영된 게임을 한다.

이날 아침, 한 명은 나뭇가지로 영양의 뿔을 흉내 내고, 나머지 둘은 사냥감에 몰래 다가가는 사냥꾼 놀이를 한다. 나중에 셋 가운데 가장 나이가 많은 소녀가 나이 든 여자 중 한 명에게 석기 만드는 법을 가르쳐 달라고 조른다. 성인 여자는 조심스럽게 두 개의 용암 자갈을 빠르고 날카롭게 부딪친다. 완벽한 박편이 떨어진다. 소녀는 굳게 마음을 먹고 똑같이 해 보려고 한다. 그러나 성공하지 못한다. 여자는 소녀의 손을 잡고 필요한 행동을 느린 동작으로 보여 준다.

날카로운 박편 만들기는 생각보다 어렵다. 그 기술은 말로 가르치는 것이 아니라 주로 실습을 통해 전수된다. 소녀는 다시 시도한다. 이번에는 좀 나아진다. 날카로운 박편이 자갈에서 떨어져 나온다. 소녀는 너무 기쁜 나머지 비명을 지른다. 소녀는 박편을 얼른 집어 들고 미소를 짓고 있는 여자에게 보여 준다. 그런 다음 달려가 놀이 친구에게 자랑한다.

그들은 같이 놀이를 즐긴다. 이제는 어른들이 쓰는 도구를 장난감으로 쓴다. 그들은 막대기를 구하고, 견습생 소녀가 그 막대기를 다듬어 끝을 날카롭게 만든다. 그들은 사냥 팀을 만들어 창으로 잡을 메기를 찾아 나선다.

땅거미가 질 무렵, 시냇가 주거지는 다시 시끌벅적해진다. 세 여자가 아기와 먹을 것으로 불룩한 동물 가죽 부대를 들고 돌아온 것이다. 그 가운데는 새알, 세 마리의 자그마한 도마뱀, 그리고 뜻밖의 선물인 꿀도 들어 있다. 노력의 대가에 기뻐하며, 여자들은 남자들이 무엇을 가지고 돌아올지 생각해 본다. 사냥꾼들은 여러 날을 빈손으로 돌아왔던 것이다. 고기 사냥이란 원래 그런 법이다. 그러나 운이 좋으면 큰 보상을 얻을 수도 있다. 그렇게 되면 큰 존경을 받게 된다.

멀리서 사람들이 다가오는 소리가 들려온다. 여자들은 남자들이 돌아오는 소리임을 안다. 남자들이 주고받는 흥분된 말로 보아 그들은 많은 성과를 거두었음을 알 수 있다.

여러 날 동안 남자들은 소리를 죽이고 작은 영양 떼에 다가갔다. 한 마리가 약간 다리를 절룩거린다는 사실을 알아차렸다. 이 영양은 계속 뒤로 처졌으며, 무리에 합류하려면 굉장한 노력을 해야 했다. 남자들은 큰 동물을 잡을 기회임을 깨달았다. 최소한의 자연, 또는 인공의 무기를 갖춘 사냥꾼들은 꾀를 낼 필요가 있다. 소리를 내지 않고 움직일 수 있고 주변 환경과 하나가 될 수 있는 능력, 그리고 언제 공격을 가해야 하는지에 대한 지식이 이 사냥꾼들의 가장 유력한 무기인 셈이다.

마침내 기회가 왔다. 말 없이 동의의 눈짓을 주고받은 후 세 사람은 전략 지점으로 이동했다. 한 사람이 정확하고 힘 있게 돌멩이를 던져 엄청난 타격을 가했다. 다른 두 사람이 달려가 먹이를 꼼짝 못

하게 잡았다. 끝이 뾰쪽한 짧은 막대기로 재빠르게 찌르자 동물의
목에서 피가 샘솟듯 솟아나왔다. 동물은 꿈틀거렸으나 곧 숨졌다.

땀과 피로 범벅이 된 세 사람은 지쳤지만 크게 기뻐했다. 가까운
용암 자갈 지대에 짐승을 도살하는 데 필요한 도구를 만들 수 있는
재료가 있었다. 용암 자갈을 몇 번 부딪치자, 충분한 박편이 만들어
졌다. 그것으로 질긴 생가죽을 얇게 자르자 하얀 뼈와 붉은 살점, 그
리고 관절이 드러나기 시작했다. 근육과 힘줄은 솜씨 좋은 도살로
재빨리 가공됐다. 남자들은 두 짝의 엉덩이 고기를 들고 주거지로
출발했다. 그리고는 웃으면서 그날의 사건과 각자 맡았던 역할에 대
해 이야기하며 주거지로 향했다. 그들은 즐거운 환영 잔치가 기다리
고 있다는 것을 잘 알고 있었다.

그날 저녁 고기를 먹으면서 일종의 의식이 치러진다. 사냥 무리
를 이끈 사람이 고기를 얇게 잘라 주변에 앉아 있는 여자들과 다른
남자들에게 건네준다. 여자들은 일부를 아이들에게 준다. 아이들은
즐겁게 조금씩 나누어 먹는다. 남자들은 친구들에게 몇 조각 주고,
친구들은 다른 사람에게 다시 몇 조각을 준다. 고기를 먹는 일은 생
존 이상의 행동이다. 그것은 사회적인 결속 활동이다.

이제 사냥에 성공한 기쁨은 가라앉고 남자들과 여자들은 각자 입

을 열어 하루 일을 한가롭게 주고받는다. 그들은 곧 마음에 드는 이 주거지를 떠나야 한다는 사실을 깨닫고 있다. 비가 내리면 멀리 있는 언덕에서 곧 시냇물이 불어나 둑을 넘을 것이기 때문이다. 그러나 지금은 만족하고 있다.

사흘 후, 무리는 더 높은 안전한 장소를 찾기 위해 마지막으로 주거지를 떠난다. 그들의 덧없는 존재의 흔적은 모든 곳에 흩어져 있다. 조각난 용암 자갈 더미, 다듬은 막대, 가공된 생가죽은 그들의 솜씨를 말해 준다. 부서진 동물 뼈, 메기 머리, 알껍데기, 그리고 덩이줄기 등은 그들이 어떤 식사를 했는지 말해 준다.

그러나 주거지의 핵심인 강력한 사회성은 아무런 흔적도 남기지 않은 채 사라지고 없다. 또한 고기를 먹는 의식과 일상사의 이야기도 사라져 버린다. 곧 빈 주거지는 시냇물이 서서히 둑을 넘어오면서 물에 잠긴다. 미세한 모래가 소규모 집단의 닷새 간 생활 후에 남은 잡동사니들을 덮어 버리고, 짧은 이야기도 삼켜 버린다. 그 결과 뼈와 돌 이외의 모든 것은 파괴되고 이야기를 재구성해야 할 가장 빈약한 증거만 남는다.

많은 사람들은 내가 재구성한 이 이야기가 호모 에렉투스를 너무 인간답게 묘사하고 있다고 생각할 것이다. 그러나 나는 그렇게 생각하지 않는다. 나는 수렵·채집인의 생활 모습을 그려 보았다. 그리고 나는 이 사람들에게 언어를 부여했다. 이러한 모습을 구성하는 모든 요소들은 우리가 현대인에게서 발견할 수 있는 요소의 원시적인 변형임에 틀림없지만, 나는 그것이 사실이며 분명 입증할 수 있을 것이라고 확신한다. 어쨌든 고고학 증거를 볼 때 그들이 최소한 고기나 땅 속의 덩이줄기를 얻기 위해 기술을 사용했다는 점에서 다른 대형 영장류의 한계를 넘어섰음은 매우 분명한 사실이다. 선사 시대의 이 단계에서 우리 조상들은 (확연한 방식으로) 사람이 되어 가고 있었다.

5
현생 인류의 기원

사람의 진화 과정에서 일어난 네 단계의 중요 사건들——약 700만 년 전에 형성된 사람과의 기원, 그에 이은 두 발 직립 보행 유인원 종의 '적응 방산', 약 250만 년 전의 일로 추정되는 뇌 용량의 증가(특히 사람속의 초기에), 그리고 현생 인류의 기원——중에서 최근 인류학 연구에서 가장 뜨거운 논쟁의 주제는 바로 네 번째에 해당하는 것이다. 즉 우리와 같은 모습의 인류의 기원에 관한 논쟁인데, 전혀 다른 내용의 가설을 놓고 격렬한 토론이 벌어진다. 현생 인류의 기원을 주제로 한 학술 회의가 열리지 않는 달이 없을 정도이며, 그에 관한 저서와 논문들은 홍수처럼 쏟아지고 있는데, 여기서 제기되는 무수한 주장들은 전혀 상반된 논지를 담고 있는 경우가 많다.

내가 여기서 이야기하는 '우리와 같은 인간'은 현생 호모 사피엔스(현대인)를 지칭한다. 즉 기술 혁신의 능력을 갖고 있고, 예술적 표현과 자기 성찰적인 의식, 그리고 도덕적인 감각을 갖고 있는 인간을 뜻한다.

단 몇 천 년의 역사를 되돌아보기만 해도 우리는 최초의 문명 탄생을 볼 수 있다. 사회 조직은 점차 복잡성을 더해 가고, 마을은 족장의 지배 지역에 자리를 내준다. 족장의 지배 지역은 다시 도시에게, 그리고 도시는 국가로 바뀌어 간다. 얼른 보기에 돌이킬 수 없을 만큼 무섭게 진행되는 것처럼 보이는 복잡도의 증가는 생물학적 변화가 아니라 문화적 진화에 의해 이끌어진다. 100년 전의 사람들이 생물학적 측면에서는 우리와 똑같았지만 그 시대에 전기(電氣) 문명은 찾아볼 수 없었듯이, 7,000년 전의 마을 사람들은 우리와 같은 모습이었지만 문화의 하부 구조는 결여되어 있었다.

약 6,000년 전인 문자 발명 이전의 역사 단계로 거슬러 올라가면, 당시에도 현생 인류의 정신이 작용하고 있었다는 분명한 증거를 발견할 수 있다. 약 1만 년 전부터 전 세계에 걸쳐 수렵·채집 생활을 하던 유목민들의 밴드는 제각기 독자적으로 농업 기술을 발명했다. 이 역시 생물학적 진화의 결과가 아닌 문화적 진화의 소산이다. 사회 · 경제적으로 큰 변화가 일어났던 그 시대 이전으로 거슬러 올라가면, 빙하기와 유럽과 아프리카에서 회화 · 조각 · 조판(彫版) 등의 작품을 찾아볼 수 있다. 그 작품들은 우리와 동일한 정신적 세계의 결과임을 일깨워 준다.

여기서 시대를 더 거슬러 올라가면(대략 3만 5000년 전으로) 현생 인류의 정신을 특징짓는 표지는 차츰 사라져 간다. 우리는 고고학적 기록 속에서 더 이상 우리와 동일한 정신적 능력을 가진 사람들의 작품을 찾아볼 수 없다.

인류학자들은 오랫동안 예술적 표현과 정교한 세공 기술의 갑작스러운 출현이 현생 인류의 진화를 나타내는 분명한 증거라고 믿어 왔다. 1951년에 그런 주장을 최초로 편 사람은 영국의 인류학자인 케네스 오클리(Kenneth Oakley)이다. 그는 현생 인류의 행동의 개화가 최초의 완전한 현대적 언어의 등장과 연관되어 있다고 주장했다. 실제로 사람이라는 종이 그 밖의 다른 면에서는 충분한 현대적인 특성을 갖추지 못하면서 유독 언어에서만 현대적인 언어를 가질 수 있다는 것은 상상하기 힘들다. 따라서 언어의 진화는 현재의 우리와 같은 인간성의 등장에서 절정을 이루는 현상이라고 폭넓게 판단되어 왔다.

그렇다면 현생 인류의 기원은 언제인가? 그리고 어떤 방식으로 나타나게 되었는가? 오래전에 점진적으로? 아니면 비교적 최근에 빠른 속도로? 이런 물음들이 최근 벌어지는 논쟁의 핵심적인 주제이다.

역설적이게도, 진화의 전 기간 중 지난 수십만 년 동안이야말로 화석 증거가 단연 풍부한 시기이다. 원형을 그대로 유지하고 있는 다량의 두개골 외에도, 비교적 완전한 스무 개의 골격이 복원되었다. 선사 시대의 인간 중에서도 화석의 증거가 빈약한 초기 인류를 연구 대상으로 삼는 나와 같은 사람에게는 이 정도 화석이라면 엄청나게 풍부한 양이다. 그렇지만 동료 인류학자들은 아직 진화적 사건들이 일어난 순서에 대해 의견의 일치를 보지 못하고 있다.

게다가 지금까지 발견된 것들 중에서 극히 초기에 해당하는 인간 화석들은 이 논쟁에서 중요한 위치를 차지하는 네안데르탈인(일반인들이 혈거인(穴居人)의 모습으로 가장 먼저 떠올리는)이었다. 네안데르탈인의 뼈가 최초로 발견된 1856년 이래, 이들의 운명은 끝없는 논쟁의 대상이 되었다. 네안데르탈인은 우리의 직접적인 선조인가, 아니면 약 3만 년 전에 진화의 막다른 길에 다다라 멸종이라는 구렁텅이로 추락한 한 종족인가? 약 150년 전에 제기된 이 질문은 아직도 모든 사람을 만족시킬 만한 답을 얻지 못하고 있다.

현생 인류의 기원에 얽힌 논쟁의 세부적인 지점들 중 일부를 파헤치기 전에, 우리는 보다 큰 문제들을 개괄해야 할 것이다. 이 이야기는 약 200만 년 이전에 이루어진 사람속의 진화에서 시작되어 호모 사피엔스의 등장으로 끝난다.

여기에는 오래전부터 두 가지 계열의 증거가 존재해 왔다. 하나는 해부학적인 변화이고, 다른 하나는 기술을 비롯해서 두뇌와 손이 만들어 낸 표현물과 연관된 변화이다. 정확하게 해석할 수만 있다면, 이 두 가지 계열의 증거는 우리에게 인간의 진화 역사에 대해 같은 이야기를 해 줄 것이다. 그 증거들은 시대를 통한 동일한 패턴의 변화를 보여 줄 것이다.

수십 년 동안 인류학자들의 연구 재료가 되어 온 전통적인 두 계열의 증거에 최근 들어 세 번째 계열의 증거가 더해졌다. 그것은 분자유전학에 의한 증거이다. 원리상으로 유전학적 증거는 그 속에 우리의 진화 역사에 대한 설명을 부호의 형태로 담고 있다. 다시 말하자면, 유전학적 증거가 우리에게 해 주는 이야기는, 우리가 해부학과 석기에서 배우는 기록과 일치해야 한다는 것이다.

그러나 불행하게도 이들 세 가지 계열의 증거는 조화로운 상태가 아니다. 연결할 수 있는 지점은 존재하지만, 그에 대한 합의는 이루어지지 않았다. 이처럼 풍부한 증거에도 불구하고 인류학자들이 어려움에 직면하고 있다는 사실은 진화의 역사를 재구축하는 일이 얼마나 어려운지를 일깨워 주는 좋은 보기라 할 수 있다.

투르카나 호숫가에서 발견된 소년의 골격은 약 160만 년 전의 초기 인류의 해부학적 특징에 대해 매우 훌륭한 자료를 제공하고 있다. 우리는 초기의 호모 에렉투스의 개체가 키가 크고(투르카나 소년의 키는 거의 1.8미터에 달했다.) 강건하며 억센 근육을 가졌음을 알 수 있다. 가장 강한 현대의 프로레슬러라도 평균적인 호모 에렉투스와 경기를 벌인다면 형편없이 패하고 말 것이다.

초기 호모 에렉투스의 뇌는 그 선조인 오스트랄로피테쿠스의 뇌보다는 컸지만, 현생 인류에 비하면 훨씬 작았다. 현대인의 뇌 용량이 1,350세제곱센티미터인 데 비해 호모 에렉투스는 900세제곱센티미터 정도였다. 호모 에렉투스의 두개골은 길고 얇았으며, 이마 부분이 작고 두개골은 더 두꺼웠다. 턱은 조금 튀어나오고, 눈 위쪽에 두드러진 두덩이 있었다.

이러한 해부학적 기본 패턴은 약 50만 년 동안 지속되었다. 물론 이 기간 동안 뇌의 용량은 1,100세제곱센티미터 이상으로 늘어났다. 이 무렵이 되자 호모 에렉투스는 아프리카를 벗어나 아시아와 유럽의 상당 지역으로 퍼져 나갔다(아직 유럽에서 확실한 호모 에렉투스의 화석은 발견되지 않았지만, 이 종과 연관된 기술적 증거는 유럽 지역에 이들이 존재했음을 입증하고 있다.).

비교적 최근에 우리가 발견한 약 3만 4000년 전의 인간 유골 화석은 모두 완전히 현대적인 호모 사피엔스이다. 몸통은 덜 억세고 근육의 발달 정도도 약하며, 얼굴은 평평해진 데다 두개골은 높아지고, 두개골의 뼈 두께는 얇아졌다. 눈 위의 돌출 부위도 덜 두드러지고, 뇌의 용적은 더 커졌다. 따라서 우리는 약 100만 년 전과 3만 4000년 전 사이에 진화적인 발전이 이루어져서 현생 인류가 태어나게 되었다고 추측할 수 있다. 아프리카와 유라시아에서 발견된 그 기간에 해당하는 화석과 고고학적 기록을 통해 우리는 실제로 진화가 활발하게 진행되었지만, 무척 혼란스러운 여러 가지 방식으로 이루어졌음을 알 수 있다.

네안데르탈인은 약 13만 5000년 전과 3만 4000년 전 사이에 살았으며, 서부 유럽에서 근동(近東)을 거쳐 아시아에 이르는 지역을 차지하고 있었다. 그들은 우리가 흥미를 가지는 시기에 속하는 화석 중에서 가장 많은 부분을 차지한다. 따라서 3만 4000년 전까지 약 50만 년이라는 기간 동안 구세계 전역에 걸쳐 여러 집단에서 진화의 잔물결이 일어났음은 의문의 여지가 없다. 네안데르탈인 이외에도 낭만적인 이름을 가진 여러 종에 속하는 개체의 화석(대개 두개골이거나 두개골의 일부이지만, 때로는 골격의 다른 부분도 포함되었다.)도 있었다.

그리스에서 발굴된 페트랄로나(Petralona)인, 프랑스 남서부에서 발견된 아라고(Arago)인, 독일에서 발굴된 스타인하임(Steinheim)인, 잠비아의 브로큰 힐(Broken Hill)인 등등. 이들 종 사이에서 나타나는 여러 가지 차이점에도 불구하고, 그들은 두 가지 공통점을 갖고 있었다. 하나는 모두 호모 에렉투스보다 진보했다는 점(예를 들어, 더 큰 두뇌를 갖고 있다.)이고, 다른 하나는 호모 사피엔스보다는 원시적이라는 점(두꺼운 머리뼈와 강건한 신체를 갖고 있다 그림 12.)이었다. 이 시기의 종에서 나타나는 해부학적 다양성 때문에, 인류학자들은 이들 화석에 집단적으로 "고대형 사피엔스"라는 이름을 붙였다.

이처럼 다양한 해부학적 형태를 고려할 때, 우리가 직면하는 문제는 현생 인류의 해부학적·행동적 특징이 나타나게 된 과정

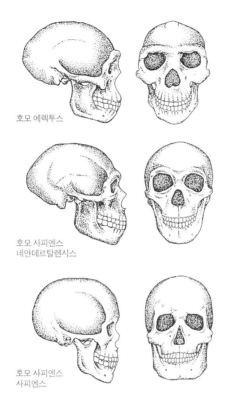

호모 에렉투스

호모 사피엔스
네안데르탈렌시스

호모 사피엔스
사피엔스

그림 12
네안데르탈인의 유연관계. 네안데르탈인은 두뇌가 크다는 측면에서 호모 사피엔스와 공통점이 있다. 두께가 얇고 긴 두개골과 돌출된 미모릉(眉毛陵, 눈 위의 뼈가 돌출한 부분)이라는 면에서는 호모 에렉투스와 닮았다. 그러나 네안데르탈인은 그들만의 독특한 특성을 가지고 있다. 가장 두드러진 특징은 안면 가운데의 심한 돌출부이다.

을 기술하는 진화적 패턴을 구성해야 한다는 점이다. 최근 두 가지 매우 상이한 모델들이 제안되었다.

그것 중에서 첫 번째는 다지역 진화 가설(multiregional-evolution hypothesis)이라고 불리는 것으로, 현생 인류의 기원을 구세계 전역을 포괄하는 현상으로 보았다. 즉 호모 에렉투스의 집단이 형성된 곳에서는 어디서나 호모 사피엔스가 등장했다는 것이다. 이 관점에 따르면 네안데르탈인은 이들 세 대륙의 전체적인 경향의 일부이다. 해부학적인 측면에서 본다면 유럽, 중동아시아, 서아시아의 호모 에렉투스와 호모 사피엔스 사이의 중간형에 속한다. 그리고 오늘날 구세계의 해당 지역 사람들은 그 직접적인 조상이 네안데르탈인이라는 것이다. 미시간 대학교의 인류학자인 밀포드 월포프(Milford Wolpoff)는 호모 사피엔스라는 생물학적 지위에 대해 모든 지역에서 나타나는 진화적인 경향은 우리 선조들의 새로운 문화적 경향에 의해 일어났다고 주장한다.

자연계에 새롭게 등장한 문화는 자연선택의 힘에 효율성과 통합력이라는 이점을 더해 준다. 캘리포니아 대학교 샌타크루스 분교의 생물학자인 크로스토퍼 윌스(Christopher Wills)는 한발 더 나아가 진화를 가속시키는 원동력을 문화에서 찾았다.『질주하는 두

뇌(*The Runaway Brain*)』라는 1933년의 책에서 그는 이렇게 주장했다. "우리의 뇌 크기를 가속적으로 증가시켰을 것으로 생각되는 힘은 전혀 새로운 종류의 자극, 즉 언어, 기호, 집단 기억과 같은 문화적인 요소들이다. 우리의 문화가 복잡성 속에서 진화하자 뇌의 크기 또한 늘어났으며, 뇌 용량의 증가는 문화를 더 큰 복잡성으로 이끌었다. 크고 영리한 두뇌는 한층 복잡한 문화를 낳았고, 그 문화가 다시 더 크고 지능이 높은 두뇌를 낳았다." 이러한 자가 촉매적 과정, 또는 정(正)의 되먹임(positive feedback) 과정이 일어나자, 유전적 변화가 대규모 집단 전체에 걸쳐 신속하게 전파되도록 돕는 역할을 하게 되었다.

나는 다지역 진화 가설에 어느 정도 공감하는 입장이다. 언젠가 다음과 같은 비유를 이야기한 적이 있다. "만약 당신이 조약돌을 한줌 집어 연못에 던지면 조약돌은 저마다 파문을 일으킬 것이며, 퍼져 나가던 파문은 다른 조약돌이 일으키는 새로운 파문과 만나게 될 것이다." 여기서 연못은 기본적인 사피엔스(화석인과 구별해서 현생 인류를 가리킨다.) 집단을 가지고 있는 구세계를 나타낸다. 그리고 조약돌이 떨어진 연못의 표면은 호모 사피엔스로의 이행이 이루어진 장소이다. 조약돌이 일으킨 파문은 호모 사피엔스의 이

주를 뜻한다.

　　이 비유는 최근 진행되는 논쟁에서 여러 사람이 사용했다. 그러나 지금 나는 그 비유가 잘못되었을 수도 있다고 생각한다. 내가 그런 노파심을 가지는 한 가지 이유는, 이스라엘의 여러 동굴에서 나온 매우 중요한 화석 표본 때문이다.

　　이 유적지들의 유골들은 약 60년의 간격을 두고 산발적으로 발굴되었다. 그동안 일부 동굴에서는 네안데르탈인의 화석이 발견되었고, 다른 동굴에서는 현생 인류의 화석이 발견되었다. 최근 들어 그 유골들이 제시해 주는 모습은 보다 명료해졌고, 다지역 진화 가설을 지지하는 것처럼 보였다. 케바라, 타분, 아무드 동굴에서 나온 모든 현생 인류는 그보다 훨씬 후대의 것으로 약 4만 년 전과 5만 년 전 사이의 것이다.

　　이런 연대를 기초로 할 때, 이 지역의 네안데르탈인들 사이에서 진화적 변화가 이루어졌을 가능성은 매우 높다. 실제로 이 화석들의 결과 중 하나는 다지역 진화 가설을 떠받치는 가장 강력한 지주 중 하나이다.

　　그러나 1980년대 말엽에 이 훌륭한 순서가 역전되었다. 영국과 프랑스의 연구자들은 화석들 중 일부에 대해 전자 스핀 공명법과 열발광법으로 알려진 새로운 연대 측정법을 채택했다. 이 새로운 두 가지 방법은 많은 암석에서 공통적으로 들어 있는 특정 방사성 동위 원소의 붕괴——암석 속에 들어 있는 광물질이 원자시계의 구실을 하는 과정이다.——에 토대를 두고 있다. 연구자들은 스쿨과 카프제의 동굴에서 나온 현생 인류의 화석이 대부분의 네안데르탈인 화석보다 오래되었다는 사실을 발견했는데, 그 연대의 차이는 대략 4만 년이나 되었다. 만약 그 조사 결과가 사실이라면, 다지역 진화 가설처럼 네안데르탈인은 현생 인류의 조상이 될 수 없다. 그렇다면 그 대안은 무엇인가?

그 결과에 따르면 현생 인류는 구세계 전역에서 나타난 진화적 경향의 산물이 아니라, 단일한 지리학적인 위치에서 발생한 다른 모델로 볼 수 있다는 것이다그림 13. 현생 호모 사피엔스의 일부 밴드가 이 지역에서 이주해 나머지 구세계로 확산되면서, 기존의 현세 이전(premodern) 인류의 집단을 대체해 나갔다는 것이다. 이 모델은 '노아의 방주 가설', '에덴의 낙원 가설' 등 여러 가지 이름이 있다. 최근에는 '아프리카 기원(Out of Africa) 가설'로 불리는데, 그 이유는 사하라 사막 이남 지역을 최초의 현생 인류가 진화했을 가능성이 가장 높은 지역으로 생각하기 때문이다. 일부 인류학자들이 이 관점을 제기했다. 그중에서 가장 적극적인 주장을 펴는 사람은 런던 자연사박물관의 크리스토퍼 스트링거(Christopher Stringer)이다.

두 가지 모델은 전혀 상반된다(더 이상 다를 수 없을 정도로). 다지역 진화 가설은 구세계 전역에서의 진화적 경향성으로 볼 때 현생 호모 사피엔스로 이어졌고, 인구의 이주나 집단적 교체는 일어나지 않았다고 주장한다. 반면 아프리카 기원 가설은 호모 사피엔스의 진화가 한 지역에서만 일어났으며, 구세계 전역에 걸쳐 광범위한 인구 이동이 이루어졌고, 그 결과 기존의 현세 이전 인류를 대체하게 되었다는 것이다. 게다가 첫 번째 가설에서 현대의 지리학적 집단('인종·종족'이라고 알려져 있는)은 본질적으로 200만 년 이상 분리되어 있었기에 깊은 유전적 뿌리를 갖고 있을 것이다. 두 번째 모델에서 이들 집단은 모두 비교적 최근에 아프리카에서 진화한 단일한 인종에서 진화했으므로 그 유전적 뿌리가 얕은 게 된다.

이 두 가지 모델은 우리가 화석 기록에서 무엇을 볼 수 있을 것인가에 대한 예상에서도 큰 차이를 나타낸다. 다지역 진화 가설에 따르면, 우리가 현대의 지리학적 집단에서 발견할 수 있는 해부학적 특성은 동일한 지역의 화석(호모 에렉투스가 아프리카 밖의 지역으로 처

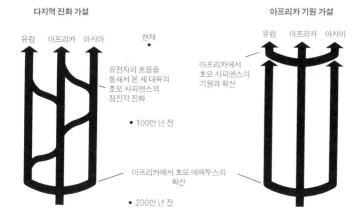

그림 13

현생 인류의 기원에 대한 두 가지 가설. 왼쪽의 다지역 진화 가설은 호모 에렉투스 집단이 약 200만 년 전에 아프리카 외의 지역으로 확산되어 구세계 전역에 걸쳐 확고한 지위를 확립하게 되었다고 주장한다. 국부 지역군 사이의 유전자 흐름을 통해 구세계 전역에서 유전적 연속성이 유지되었으므로, 현생 호모 사피엔스를 향한 진화적 경향은 호모 에렉투스의 집단이 존재했던 지역에서는 어느 곳이든 모두 일어났다는 것이다. 오른쪽의 아프리카 기원 모델은 현생 호모 사피엔스가 비교적 최근에 아프리카에서 진화했으며, 매우 빠른 속도로 나머지 구세계로 확산되어 가면서 호모 에렉투스와 초기(원시) 호모 사피엔스를 대체시켰다고 주장한다.

음 세력을 넓혀 간 약 200만 년 전으로 거슬러 올라간)에서도 발견되어야 할 것이다. 아프리카 기원 가설에서는 시간의 경과에 따른 지역적 연속성을 기대하기 힘들다. 실제로 현생 인류는 아프리카 인의 특성을 공유해야 한다.

다지역 진화 가설의 가장 강력한 지지자인 밀포드 월포프는 미국 고등 과학회의 1990년도 회의에서 청중들에게 "해부학적 연속성은 명백히 입증되었다."라고 말했다. 가령 아시아 북부에서 나타나는 안면의 형태와 턱뼈의 구성, 삽 모양을 한 앞니의 형태와 같은 특징들은 약 75만 년 전의 화석들과 25만 년 전의 화석인 베이징 원인의 화석, 그리고 현대 중국인들 모두에게서 찾아볼 수 있다. 스트링거는 그 점을 인정하면서도 이런 특징들이 아시아 북부에만 한정된 게 아니며, 따라서 지역적 연속성의 증거로 받아들여질 수 없다고 지적했다.

월포프와 그의 동료들은 동남아시아와 오스트레일리아에 대해서도 비슷한 주장을 폈다. 그러나 스트링거가 지적했듯이, 그 연속성은 180만 년 전, 10만 년 전, 3만 년 전이라는 세 시점의 화석에 대해서만 추측이 가능하다. 스트링거는 근거로 삼을 수 있는 평가 기준의 부족이 그 주장을 극도로 약화시킨다고 말한다.

이런 예들은 인류학자들이 직면하고 있는 문제가 무엇인지 잘 보여 준다. 중요한 해부학적 특징의 의미에 대한 견해 차이뿐 아니라 네안데르탈인은 논외로 치더라도, 화석 기록은 대부분의 인류학자들의 바람보다(그리고 인류학자가 아닌 사람들의 생각보다) 훨씬 빈약하다는 문제가 있다. 이런 장애물이 극복되기 전까지 주요한 문제들에 대한 의견의 일치는 이루어지기 어려울 것으로 생각된다.

그러나 지금까지 이야기했던 것과는 전혀 다른 관점에서 화석의 해부학적 특징을 평가할 수도 있다. 네안데르탈인들은 팔다리가 짧은 땅딸막한 체구였을 것으로 생각된다. 그들이 살고 있던 지역 전체를 지배하던 차가운 기후 조건에 물리적으로 적응하기 위해서는 그런 모습이 적합했기 때문이다.

그러나 전 세계의 비슷한 지역에 등장한 최초의 현대인은 그와 전혀 다른 해부학적 구조를 가진다. 현대인은 네안데르탈인과는 달리 키가 크고, 호리호리하고, 팔다리가 길다. 큰 키와 유연한 몸은 빙하 시대 유럽 지역의 얼어붙은 스텝 지역보다는 적도나 온대 기후 지역에 더 적합하다. 만약 최초의 현대 유럽 인이 유럽에서 진화했다기보다는 아프리카에서 온 이주민들의 후손이라면, 그리고 이 점에서 아프리카 기원 가설이 증거를 확보할 수 있다면 이 수수께끼는 쉽게 풀릴 수 있을 것이다.

화석 기록에 대한 또 다른 직접적인 관찰을 통해 더 진전된 근거를 확보할 수 있다. 만약 다지역 진화 가설이 옳다면, 우리는 초기에 속하는 현생 인류의 여러 종들이 구세계 전역에서 거의 동시에 출현했다는 증거의 발견 가능성을 추측할 수 있다. 지금까지 알려진 현생 인류의 가장 오래된 화석은 남아프리카에서 발견된 것으로 생각된다. 내가 '생각된다'는 식의 애매한 표현을 사용하는 이유는 그 화석들이 턱뼈의 일부 단편에 불과하기 때문만은 아니다. 더 큰 문제는 그 화석들의 진정한 연대를 둘러싸고 상당한 불확실성이 개재되기 때문이다.

예를 들어, 보더 동굴과 클라시스 강 하구의 동굴(모두 남아프리카에 있다.)에서 발견된 화석들은 겨우 10만 년 전의 것으로 아프리카 기원 가설의 증거로 자주 인용되곤 한다. 그런데 카프제와 스쿨 동굴에서 나온 현생 인류의 화석 역시 약 10만 년 전의 것으로 추측된다. 따라서 현생 인류가 북아프리카나 중동 지역에서 처음 등장해서 다른 곳으로 이주했을 가능성도 있다. 그러나 대부분의 인류학자들은 전체적인 증거의 비중에 근거해서 사하라 이남 기원설을 선호한다 그림 14.

이 시기의 현생 인류 화석 중에서 그 밖의 아시아 지역이나 유럽에서 발견된 것은 단 하나도 없다. 만약 이 사실이 단지 한심할 정도로 빈약한 화석 기록의 불완전성에서 기인하는 현상이 아니라 실제 진화 과정을 반영하는 것이라면, 아프리카 기원 가설은 상당한 설득력을 갖게 될 것이다.

대다수의 집단 유전학자들은 인류의 기원을 다룬 가설들 중에서 생물학적으로 가장 타당하다는 이유 때문에 이 가설을 지지

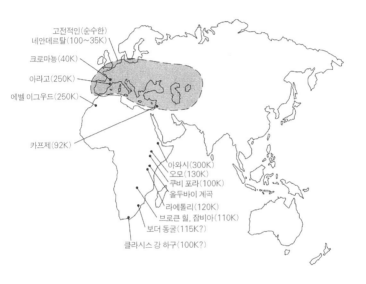

그림 14
화석 지도. 현생 인류의 기원과 연관되는 화석의 발굴 위치와 연대(K는 1,000년을 뜻한다.)를 보여준다. 네안데르탈인의 화석은 음영으로 표시된 부분에만 한정되어 있다. 현생 인류의 최초의 표본은 사하라 이남의 아프리카와 중동 지방에서 발견되었다.

한다. 그들은 종 내의 유전적 특징, 그리고 그 유전적 특성이 시간의 경과와 함께 어떻게 바뀔 수 있는지에 대해 연구한다. 만약 어떤 종의 집단이 지리적인 격리 상태를 유지한다면, 돌연변이를 통해 일어난 유전적 변화는 이종 교배(異種交配)라는 수단을 통해 해당 전역에 확산될 것이다. 그 결과로 이 종의 유전적 특성이 일부 변화되겠지만, 종 전체는 유전적으로 단일한 모습을 유지하게 될 것이다.

그 종의 일부 개체군이 지리적으로 다른 집단과 격리되어 있으면(강물의 경로 변화나 사막의 형성 등에 의해) 다른 결과가 나올 것이다. 이 경우 한 집단에서 일어나는 유전적 변화는 다른 집단으로 전달되지 않을 것이다. 따라서 고립된 집단들은 계속 다른 집단들과의 유전적 차이를 확장시켜 나갈 것이고, 종내는 다른 아종(亞種), 또는 전혀 다른 종으로 발전하게 될지도 모른다.

집단유전학자들은 수학적 모델을 사용해 여러 가지 크기의 집단 속에서 일어날 수 있는 유전적 변화의 속도를 측정함으로써 과거에 일어났을 것으로 추측되는 사실을 제시할 수 있다. 스탠퍼드 대학교의 루이지 루카 카발리스포르차(Luigi Luca Cavalli-Sforza), 그리고 이 논의에 대해 폭넓은 의견을 제시한 런던 유니버시티 칼리지의 샤힌 루하니(Shahin Rouhani)를 비롯해서 대부분의 집단 유전학자들은 다지역 진화 가설의 가능성에 회의적이다. 그들은 다지역 가설이 현생 인류로의 진화적 변화를 허용하면서 동시에 그들을 유전적으로 연결하기 위해서는, 대규모 집단들 사이의 폭넓은 유전자 흐름을 필요로 한다는 사실을 지적했다.

1994년 초에 발표된 자바 원인의 화석에 대한 새로운 연대 측정이 정확하다면, 호모 에렉투스는 약 200만 년 전에 아프리카를 벗어나 그 세력을 확장시켰을 것이다. 따라서 다지역 진화 가설에 따라 유전자의 흐름이 방대한 지리적 범위에 걸쳐 지속되어야 했을 뿐 아니라, 장구한 시기 동안 계속되어야 했을 것이다. 이것은 대부분의 집단유전학자들의 결론처럼, 전혀 비현실적이다. 현세 이전의 인류 집단이 유럽, 아시아, 아프리카로 확산되었다면 전체가 단일한 종으로 발전하기보다는 지리학적 변종(실제로 원시 사피엔스 종 중에서 이런 변종을 발견할 수 있다.)이 탄생할 가능성이 더 높아지게 된다.

그러면 화석과 연관된 이야기를 잠시 미뤄 두고 행동(내가 행동이라고 말하는 것은 그 행동의 결과로 나온 실체를 가진 유물을 뜻한다.), 도구,

그리고 예술 작품으로 돌아가기로 하자. 우리는 기술적으로 원시적인 인류 집단에서 나타나는 인간 행동에서 가장 우위를 차지한 것이 고고학적으로 확인할 수 없는 종류임을 기억해야만 한다.

일례로, 샤먼(샤머니즘의 주술사 — 옮긴이)에 의한 통과 의례 (initiation ritual, 다른 신분이나 새로운 삶으로의 재생을 위해 거치는 의식 — 옮긴이)는 신화의 구술, 노래, 춤, 그리고 신체의 장식을 포함한다. 그러나 이런 행동 중 어떤 것도 고고학적 기록으로 남아 있지 않다. 따라서 우리는 석기라든가 조각되거나 색칠된 물체를 발견할 때면 그 물체들이 고대 세계를 향해 열린 가장 좁은 창을 제공할 뿐이라는 사실을 상기할 필요가 있다.

고고학적 기록에서 우리가 확인하고 싶어 하는 것은 현대에 사는 우리의 마음에 효과적으로 의미가 전달될 수 있는 일종의 신호이다. 그리고 우리는 그 신호가 가설을 완성시키는 데 어떤 식으로든 기여해 주기를 바란다. 일례로, 그 신호가 구세계의 모든 지역에서 거의 동시에 발견된다면, 우리는 현생 인류의 진화 과정에 대해 가장 그럴듯한 설명을 해 주는 가설이 다지역 진화 가설이라고 말할 수 있을 것이다.

반대로 그 신호가 한 고립된 지역에서만 나타나고, 그런 다음 점진적으로 세계의 나머지 지역으로 확산되어 간다면, 그 발견은 다른 가설을 뒷받침하는 근거로 작용할 것이다. 물론 우리는 고고학적 신호가 화석 기록에서 나타나는 패턴과 일치하기를 바랄 것이다.

우리는 2장에서 사람속의 출현이 약 250만 년 전에 발견된 최초의 고고학적 기록과 일치한다는 사실을 살펴보았다. 또한 우리는 140만 년 전의 석기 유적지에서 발견되는 복잡성이 올두바이 문화기의 유물에서 아슐 유물에 이르기까지 점차 증대되었으며, 그 시기가 호모 에렉투스가 진화한 직후라는 사실도 확인할 수 있다. 따라서 생물학과 행동 사이의 연관은 매우 밀접한 셈이다. 간단한 도구는 가장 초기의 사람속이 제작했고, 호모 에렉투스의 진화와 함께 복잡성이 비약으로 증대한 것이다. 이런 연관성은 그로부터 약 50만 년 후에 원시 사피엔스가 출현하면서 다시 한 번 관찰할 수 있게 된다.

비교적 안정된 휴지 상태에 해당하는 100만 년 이상의 기간이 지나자, 호모 에렉투스의 단순한 주먹도끼 문화는 그보다 큰 암석의 박편을 이용해 만들어진 한결 복잡한 기술에 자리를 내주었다. 아슐 유물에 포함된 도구가 12개였던 반면, 새로운 기술에 포함된 도구는 무려 60개였다. 네안데르탈인을 포함하는 고대형 사피엔스의 해부학적 구조에서 찾아볼 수 있는 생물학적인 새로움이 새로운 수준의 기술적 능력을 수반했다는 점은 명백하다. 그러나 일단 새로운 기술이 수립되자, 그 기술은 거의 변화하지 않았다. 따라서 새로운 시대를 규정짓는 특징은 혁신이 아니라 정체였다.

그러나 이윽고 변화가 시작되었다. 그것도 놀랄 만큼 빠른 변화였다. 그 변화는 워낙 눈부셔서 그 변화 뒤에 숨어 있는 실체가 무엇인지 분명하게 비춰 주었다. 약 3만 5000년 전 유럽에서 사람들은 정교한 솜씨로 떼어 낸 돌의 박편을 이용해 가장 정밀한 도구를 만들었다. 역사상 최초로 도구 제작을 위한 원재료로 뼈와 가지가 있는 뿔이 사용되었다. 이제 사람들이 사용하는 도구의 일습은 100가지 이상의 항목을 갖게 되었다. 그중에는 어설프게나마 옷을 만들기 위한 도구, 조각이나 돋을새김을 하기 위한 도구도 포함되어 있었다.

최초로 도구가 예술 작품이 되었다. 예를 들어, 가지가 있는 뿔로 만든 투창기는 실물과 똑같은 동물의 조각으로 장식되었다. 화석 기록 중에는 염주와 늘어뜨린 장식도 발견되었다. 이것은 신체 장식이라는 새로운 관습이 시작되었음을 뜻하는 것이었다. 그리고 가장 중요한 사실은, 깊숙한 동굴의 벽에 남겨진 그림들이 현대인들이 스스로를 인식하는 것과 같은 정신적인 세계에 대해 이야기해 주고 있다는 점이다.

정체가 지배하던 이전 시기와는 달리, 이제 혁신이 문화의 중심가 되었다. 변화의 속도는 10만 년 단위가 아니라 1,000년 단위로 빨라졌다. 후기 구석기 혁명이라고 불리는 이 집단적인 고고학적 신호는 당시에 현생 인류의 것과 같은 종류의 정신이 숨쉬고 있었음을 보여 주는 분명한 증거이다.

이제 나는 후기 구석기 시대의 고고학적 신호가 지금까지 우리의 판단력을 흐리게 했을지도 모른다는 주장을 제기한다. 이 말은 역사적인 이유 때문에 지금까지 알려진 서유럽의 고고학적 기록이 아프리카보다 훨씬 많다는 뜻이다. 서유럽에서 발견된 이 시기의 고고학적 유적지의 수는 같은 시기 아프리카의 고고학적 유적지의 약 200배나 된다. 이러한 큰 차이는 실제 선사 시대 역사에서 빚어진 것이 아니라 두 대륙에서 진행된 과학 탐구의 정도의 차이에 기인하는 것이다. 오랫동안 후기 구석기 혁명은 현생 인류가 서유럽에서 결정적으로 등장했다는 증거로 받아들여져 왔다. 어쨌든 고고학적 신호와 화석 기록은 그곳에서 정확하게 일치하였다. 그 두 가지 사실 모두 약 3만 5000년 전에 극적인 사건이 일어났음을 보여 준다. 다시 말해 3만 5000년 전에 현생 인류가 서유럽에서 등장했으며, 그들의 현대적인 행동이 즉시 고고학적 기록이 되었다. 또는 그렇게 추정된다.

그런데 최근 이러한 견해는 변화되었다. 이제 서유럽은 일종의 문화적 침체 지역으로 간주되고 있다. 우리는 유럽을 가로질러 동에서 서로 변화가 휩쓸고 지나갔다는 사실을 확인할 수 있다. 약 5만 년 전에 동유럽에서 시작되어, 기존의 네안데르탈인들이 현생 인류에 의해 대체되면서 모습을 감추기 시작했다. 최종적인 대체는 약 3만 3000년 전에 서쪽 먼 지역에서 일어났다. 서유럽에서 현생 인류와 현대적인 행동이 동시적으로 발생했다는 사실은 새로운 종의 집단, 즉 현생 호모 사피엔스가 유입되었음을 뜻한다. 유럽에서 나타나는 후기 구석기 혁명은 인구 통계학적 신호이지 진화적 신호가 아니었다.

만약 현생 인류가 5만 년 전부터 서유럽으로 이주하기 시작했다면, 그들은 어디에서 온 것일까? 화석 증거를 토대로 할 때, 우리는 모든 가능성으로 미루어 볼 때 아프리카나 중동에서 왔다고 말할 수 있을 것이다. 빈약한 고고학적 기록에도 불구하고, 모든 증거는 인간의 현대적인 행동의 근원이 아프리카라는 주장을 뒷받침하고 있다. 얇은 석편(石片)을 이용한 기술이 아프리카 대륙에서 나타나기 시작한 것은 10만 년 전이다. 이것은 최초로 현대인의 해부학적 구조가 출현한 시기와 일치하며, 생물학과 행동 사이의 연결이라는 세 번째 예로 간주될 수 있을 것이다.

그러나 이 연관성은 환상에 불과할 수도 있다. 다시 말해서 우연의 결과일 수도 있다는 뜻이다. 내가 이렇게 말할 수 있는 이유는, 화석과 고고학적 기록 모두가 충분한 중동 지방에서 명백하지만 역설적인 사실을 발견할 수 있기 때문이다. 새로 개발된 연대 측정법에 따르면, 네안데르탈인과 현생 인류가 그 지역에서 무려 6만 년 동안이나 공존했다는 사실을 이야기해 준다(1989년, 타분 동굴의 네안데르탈인은 약 10만 년 전의 것으로 밝혀져 카프제와 스쿨 동굴의 유물에서 나온 현생 인류와 동시대라는 결론이 나왔다.).

그런데 그 시기 동안 우리가 발견할 수 있는 도구는 네안데르탈인과 연관된 것이 유일한 형태였다. 그들이 발전시킨 기술에 붙여진 명칭은 무스티에 문화기이다. 이 명칭은 그 문화기의 유적이 처음 발견된 프랑스의 무스티에 동굴의 이름을 따서 붙여진 것이다. 해부학적으로 현생 인류에 속하는 중동 지역의 집단이 후기 구석기 시대의 특징인, 풍부한 개량을 거친 석기가 아니라 무스티에 문화의 기술을 발전시켰다는 사실은, 그들이 단지 형태에서만 현대인에 속했을 뿐 행동의 측면에서는 그렇지 않았음을 의미한다. 따라서 해부학적 특성과 행동 사이의 관계는 실질적으로 끊어진 것 같다.

최초의 현대적인 인간 행동을 보여 주는 고고학적 신호는 매우 약하고 산발적이다. 어쩌면 빈약한 기록의 희생물인지도 모른다. 박편에 기초한 기술이 처음 발견된 지역은 아프리카이다. 하지만 자신 있게 아프리카 대륙을 가리키며 "현대적인 인간의 행동이 처음 시작된 곳이 여기이다."라고 이야기하기는 불가능하며, 유라시아 대륙까지의 전파 과정을 추적하기도 힘들다.

현대인의 기원에 관한 세 번째 계열의 증거는 분자유전학적 증거로 다른 증거에 비해 분명하다. 그렇지만 가장 많은 논쟁이 벌어지는 부분이기도 하다. 1980년대에 현생 인류의 기원에 대한 새로운 모델이 등장했다. '미토콘드리아 이브 가설'이라 불리는 그 모델은 본질적으로 아프리카 기원 가설을 지지하고 있으며 상당한 설득력을 가진다. 아프리카 기원 가설을 지지하는 대부분의 학자들은 현생 인류가 아프리카에서 나머지 구세계 지역으로 확장되어 갔으며, 어느 정도까지는 그곳에 있던 현세 이전의 집단과 이종 교배했을 가능성을 배제하지 않고 있다. 이런 가능성이 제기되는 근거는, 원시 인류에서 현생 인류에 이르기까지 몇 가닥의 유전적인 연속성이 있기 때문이다.

그러나 미토콘드리아 이브 가설은 이 교잡 가능성에 반박한다. 이 가설에 따르면, 현생 인류 집단이 아프리카를 벗어나 이주하면서 숫자가 늘어났고, 기존의 현생 인류 이전의 인류를 완전히 대체했다고 한다. 따라서 이주 집단과 기존 집단 사이의 교잡은 설령 일어났다 하더라도 무시할 수 있을 만큼 극미했다는 것이다.

미토콘드리아 이브 가설은 두 연구소에서 진행된 연구 결과로 수립되었다. 하나는 에모리 대학교의 더글러스 월리스(Douglas Wallace)와 그의 동료 연구자들에 의해, 다른 하나는 캘리포니아 대학교 버클리 분교의 앨런 윌슨과 그의 동료들에 의해 수행되었다. 그들은 미토콘드리아라 불리는 작은 세포 기관에 들어 있는 유전 물질, 즉 DNA를 철저히 조사했는데, 모친의 난자와 부친의 정자가 합쳐질 때, 새로 형성된 배(胚)세포의 일부가 되는 미토콘드리아는 난자에서 온 것이다. 따라서 미토콘드리아 DNA는 오직 모계(母系)를 통해서만 유전된다.

미토콘드리아 DNA는 몇 가지 기술적인 이유 때문에, 세대를 거슬러 올라가며 진화 과정을 들여다보는 데 특히 적합하다. 그리고 미토콘드리아 DNA가 모계를 통해 유전되기 때문에, 궁극적으로는 한 사람의 여자 조상으로 이어지게 된다. 이 분석에 따르면, 현대인은 아프리카에서 약 15만 년 전에 살았던 한 여성에게까지 유전적 선조를 추적해 들어갈 수 있다(그러나 이 유일한 여성이란 1만 명 정도 되었을 집단 중 한 명에 불과했다는 사실을 잊어서는 안 된다. 즉 그녀는 아담과 함께한 외로운 이브가 아니었던 것이다.).

그들의 분석은 현생 인류의 아프리카 기원을 뜻하지만, 현대 이전의 집단과의 교잡에 대해서는 아무런 증거도 밝혀내지 못하고 있다. 현존하는 인간 집단에서 분석된 미토콘드리아 DNA의 모든 견본은 놀라우리만큼 흡사해서, 그 기원이 모두 공통되며 비교적 최근에 속한다는 사실을 가리킨다. 고대형 사피엔스와 현대형 사피엔스 사이에서 유전적인 혼합이 이루어졌다면, 일반적인 경우와는 전혀 다른 미토콘드리아 DNA(아득한 과거에 이루어진 교잡에 의해 다른 기원을 나타내는)를 가진 사람들도 있어야 할 것이다.

그러나 전 세계에 걸쳐 4,000명 이상을 대상으로 검사가 이루어졌지만, 고대형의 미토콘드리아 DNA를 가진 사람은 단 한 명도 발견되지 않았다. 지금까지 조사된 현생 인류의 모든 미토콘드리아 DNA 유형은 그 기원이 최근임이 밝혀졌다. 이 사실은 새로 이주한 현생 인류가 과거의 인류를 완전히 대체했음을 뜻한다. 이 대체 과정은 약 15만 년 전에 시작되었고, 그 후 10만 년에 걸쳐 유라시아로 확산되어 갔다.

앨런 윌슨과 그의 연구팀이 자신들의 연구 결과를 1987년 1월호《네이처》에 처음 발표했을 때, 그 대담한 결론은 인류학자들을 대경실색하게 만들었고 일반인들에게도 폭넓은 관심을 불러일으켰다. 윌슨과 그의 동료 연구자들은 자신들이 수집한 데이터가 "호모 사피엔스의 고대형에서 현대형으로의 변화가 약 10만 년 전과 14만 년 전 사이에 아프리카에서 최초로 일어났고…… 오늘날 모든 현생 인류는 그들의 후손"임을 보여 주고 있다고 말했다(후일 이루어진 분석에 의해 그 연대는 조금 앞당겨졌다.). 더글러스 월리스와 그의 동료들은 대체로 버클리 연구진의 결론을 뒷받침해 주었다.

그러나 최근 들어, 분석 과정에서 나타난 일부 통계학적 문제가 밝혀졌다. 따라서 그 결론이 처음 생각했던 것보다는 확실치 않다는 점을 알게 되었다. 그럼에도 불구하고 많은 분자생물학자들은 여전히 미토콘드리아 DNA와 연관된 데이터가 아프리카 기원 가설을 충분히 뒷받침할 수 있다고 믿고 있다. 핵 속에 들어 있는 DNA에 기초한 전통적인 유전적 근거가 미토콘드리아 DNA의 데이터와 같은 종류의 패턴을 나타내고 있다는 사실을 지적해 두어야 할 것이다.

신인(新人)이 완전히, 또는 부분적으로 구인(舊人)을 대체했다는 주장을 지지하는 사람들은 다음과 같은 골치 아픈 문제에 직면하게 될 것이다. 그 대체 과정은 어떻게 일어났는가? 밀포드 월포프에 따르면, 그 시나리오가 가능하기 위해서는 무자비한 대량 학살을 인정하지 않을 수 없다고 한다. 우리는 19세기의 아메리카 원주민이나 오스트레일리아 원주민의 대량 학살을 통해 사람이 가진 대량 학살이라는 본성에 익숙해 있다. 따라서 이런 대량 학살이 아득한 과거에도 가능했을 것으로 추측할 수 있다. 물론 실제로 그런 일이 일어났음을 입증하는 한 조각의 증거도 없지만 말이다.

증거의 부재 때문에 우리는 대량 학살이라는 추정을 대신할 수 있는 다른 설명을 찾아야 한다. 만약 다른 설명이 힘들다면, 학살 가설은 (비록 증거에 의해 뒷받침되지는 못했지만) 좀 더 신빙성을 얻게 될 것이다. 버펄로에 있는 뉴욕 주립 대학교의 인류학자 에즈라 주브로(Ezra Zubrow)는 대량 학살을 대신할 수 있는 다른 설명을 모색했다.

그는 한 집단이 다른 집단에 비해 근소한 경쟁적 우위를 갖는 사람 집단 사이의 상호 작용에 대한 컴퓨터 모델을 만들었다. 이 모델의 모의 실험을 통해 그는 우위 집단이 열위 집단을 매우 빠른 속도로 대체하기 위해 어느 정도의 이익이 필요한지 살펴볼 수 있었다. 그 대답은 우리의 직관을 뛰어넘는 것이었다. 불과 2퍼센트의 이익으로 1,000년 이내에 열위 집단을 멸종시킬 수 있다는 놀라운 사실이 밝혀졌기 때문이다.

우리는 군사적 우위를 통해 한 집단이 다른 집단을 파멸시킬 수 있다는 사실을 쉽게 이해할 수 있다. 그러나 예를 들어 음식과 같은 자원을 활용할 수 있는 능력에서 나타나는 미세한 우위가 비교적 짧은 기간 동안 위력을 발휘해 격변적인 결과를 초래할 수 있다는 사실도 알 수 있다. 신인이 네안데르탈인에 비해 약간의 우월성을 가졌다면, 우리는 중동 지방에서 이들 두 종이 무려 6만 년 동안이나 공존했다는 사실을 어떻게 설명해야 할까?

한 가지 설명은 먼저 신인이 해부학적인 측면에서 진화했고, 그런 다음 현대적인 행동이 발전하게 되었다는 것이다. 두 번째 설명은 많은 사람들이 지지하는 것으로, 실제로는 다른 형태의 공존이 이루어졌을 것이라는 생각이다. 기후의 변화에 따라 서로 다른 종의 인류가 같은 지역을 번갈아 점유할 수 있다. 날씨가 추워지면 신인은 남쪽으로 이동하고 네안데르탈인이 중동 지방을 차지한다. 날씨가 따뜻해지면 반대의 현상이 일어난다. 그런데 동굴에서 발견된 유적이 계절적으로 어떤 시기의 것인지 알 수 없기 때문에, 이런 종류의 지역 '공유'가 마치 공존처럼 보인다는 것이다.

그러나 주브로의 모델에 따르면, 네안데르탈인과 신인이 공존했다고 알고 있는 지역, 즉 3만 5000년 전의 서부 유럽에서 약 1,000년이나 2,000년, 또는 그 이상의 기간 동안 공존이 계속되었다는 사실을 기억해 둘 필요가 있다. 주브로의 연구가, 인구통계학적인 경쟁이 신인이 구인과 마주쳤을 때 그들을 대체시킨 수단이 되었음을 분명하게 입증하는 것은 아니다. 그러나 그의 연구는 폭력이 대체를 가능하게 한 유일한 힘이 아닐 수 있음을 잘 보여 주고 있다.

그렇다면 이 모든 문제들은 우리에게 무엇을 뜻하는가? 혼란스러울 만큼 많은 정보에도 불구하고, 현대인의 기원에 얽힌 가장 중요한 문제는 여전히 해결되지 않은 상태이다. 그러나 나의 느낌으로는 다지역 진화 가설이 사실로 밝혀질 가능성은 희박한 것 같다. 나는 현대형 호모 사피엔스가 아프리카의 어딘가에서 불연속적인 진화를 통해 등장했으리라고 생각한다. 그러나 한편으로는 이들 최초의 현대인의 후손이 유라시아로 퍼져나가 그곳의 사람 집단과 교잡했을 가능성도 배제하지 않는다.

그렇다면 최근의 해석에 의한 유전적 근거가 왜 그런 증거를 보여 주지 않는지에 대해서는 잘 모르겠다. 어쩌면 최근 증거에 대해 행해진 판독이 잘못되었을지도 모른다. 또는 결국 미토콘드리아 이브 가설이 옳다는 사실이 밝혀질지도 모른다. 이러한 불확실성은 시끄러운 논쟁이 가라앉고 경쟁적인 가설들 중 어느 하나를 뒷받침해 줄 새로운 증거가 발견될 때에만 해결될 수 있을 것이다.

인간의 선사 시대에 관한 가장 설득력 있는 유물 중 일부는, 약 3만 년 전에 인간과 동물을 묘사한 조각·회화 등이라는 점에는 의문의 여지가 없다. 이 시기까지 현생 인류가 진화를 계속해 구세계의 대부분을 차지하게 되었지만, 신세계에까지 세력을 펼치지는 못했을 것으로 생각된다. 아프리카, 아시아, 유럽 등 사람이 사는 곳이면 어디든 그들은 자신들이 사는 세계의 상을 묘사했다. 주변 환경을 묘사하고자 하는 그들의 충동은 억제할 수 없을 만큼 강했던 것으로 생각된다. 그 상들은 자체로 생생할 뿐 아니라 신비스럽기까지 하다.

    인류학자로서 가장 기억에 남는 경험은 1980년 프랑스 남서부에 있는, 훌륭하게 장식된 동굴을 찾았을 때의 일이다. 당시 나는 BBC 텔레비전 방송국의 기획 연재물을 제작하던 중이었기 때문에, 도르도뉴(Dordogne) 지방의 레제지 마을 근처에 있는 유명한 라스코(Lascaux) 동굴 벽화를 비롯해서 극소수의 사람들만이 볼 수 있었던 많은 유적들을 둘러볼 기회가 있었다.

빙하기 이래의 모든 유럽 동굴들 중에서 가장 화려한 벽화를 지니고 있는 라스코 동굴은 벽화를 완벽하게 보존하기 위해 1963년 이래 일반에 대한 공개를 금지시켰다. 현재는 하루에 다섯 명씩으로 관광객의 숫자를 엄격히 제한하고 있는데, 다행스럽게도 동굴 벽을 장식한 그림의 복제 작업이 최근에 완료되어 동굴에 가지 않고도 벽화를 볼 수 있게 되었다.

1980년에 라스코 동굴을 방문했을 때, 나는 그로부터 35년 전에 그곳을 처음 찾았을 때의 일이 떠올랐다. 부모님과 프랑스의 가장 유명한 선사 시대 역사가인 앙리 브뢰유(Henri Breuil)와 함께였다. 눈앞에서 뛰어 움직이는 듯 생생한 황소, 말, 사슴의 그림은 어린 시절 내 뇌리에 박혀 있던 모습과 똑같았다.

프랑스의 아리에주 주에 있는 투크도두베르 동굴도 라스코 동굴만큼 훌륭하다. 매우 독특하고 인상적인 그 동굴은 로베르 베구

앙(Robert Bégouën) 백작의 소유 토지에 있는 세 개의 동굴 중 하나이다. 바람이 몰아치는 좁은 통로를 따라 몇 킬로미터를 들어가자 온통 암흑으로 휩싸인 가장 깊은 곳에 도달했다. 백작의 손전등이 벽을 비추자 그림자들이 춤추듯 흔들렸고, 점토로 덮인 바닥은 오렌지색으로 빛났다. 백작은 천정이 바닥을 향해 완만하게 경사를 이루는 공동의 한가운데로 천천히 불빛을 이동시켰다. 그러자 점토를 이용해 탁월한 솜씨로 조각한 두 마리의 들소가 눈에 들어왔다.

물론 나는 이 유명한 벽화의 사진을 본 적이 있었다. 그렇지만 이전에 사진을 보았다는 사실조차 기억할 수 없을 만큼 실물이 주는 충격은 대단했다. 실제 크기의 6분의 1가량으로 추정되는 그 벽화는 완벽한 형태를 띠고 있었고, 정중동(靜中動)의 도약감으로 충만해 있었다. 그들은 벽화 속에 생명 그 자체를 포박해 넣은 듯했다. 약 1만 5000년 전에 이 상을 조각한 예술가들이 처했을 작업 조건을 상상하면 그들의 재능은 절로 탄성이 나올 만큼 탁월했다.

동물의 기름으로 채웠을 간단한 등잔으로 그들은 이웃 공동에서 점토를 날라와 손가락이나 평평한 도구를 이용해 동물의 형상을 빚었을 것이다. 눈, 콧구멍, 입, 갈기는 뾰족한 막대기나 뼈를 이용해 조각했으리라. 작업을 끝낸 다음, 그들은 세심하게 남은 찌꺼기들을 치우고, 소시지 모양을 한 몇 개의 점토 조각만을 남겨 둔 채 동굴을 떠났을 것이다. 음경이나 뿔의 모양을 통해 그들이 묘사한 들소는 조각가들이 점토의 유연성을 시험하기 위해 만든 시험 작품이었을 것으로 추정된다. 왜 들소를 시작품(試作品)으로 만들었는지, 들소가 조각된 당시 상황은 어떠했는지는 시간의 흐름과 함께 묻혔다.

세 번째 상은 다른 두 조각 가까이에 있는 동굴 바닥에 조야한 솜씨로 새겨져 있으며, 또 하나의 작은 점토 조각상이 있었다. 그러나 가장 흥미로운 것은 조각 주위에 널려 있는, 아이들의 것으로 보이는 발뒤꿈치 자국이었다. 예술가들이 작업하는 동안 주위에서 아이들이 놀고 있었을까? 그렇다면 예술가들의 발자국은 왜 보이지 않는 것일까? 아니면 들소의 상이 중심을 이루는 후기 구석기 시대 신화의 일부를 표현하는 의식의 과정에서 그 발뒤꿈치 자국이 남은 것일까? 남아프리카의 고고학자인 데이비드 루이스윌리엄스(David Lewis-Williams)가 선사 시대의 예술에 대해 말했듯이 "의미란 항상 문화적으로 속박되는 법이다."

위트워터스랜드 대학교에 근무했던 루이스윌리엄스는 빙하기의 유럽을 포함하는 선사 시대 예술의 의미를 조명하려는 시각에서 칼라하리 사막의 쿵산 족의 예술을 연구했다. 그는 예술적 표현이 한 사회의 문화적 구조라는 복잡한 직물 속에서 수수께끼와 같은 씨줄과 날줄을 형성할 수 있음을 인식했다. 신화, 음악, 춤 역시 그 직물의 일부이다. 직물을 형성하는 씨줄과 날줄은 전체 속에서는 나름대로의 의미로 기능하지만, 그 자체로는 불완전할 수밖에 없다.

설령 우리가 동굴 벽화가 중요한 비중을 차지하는 후기 구석기 시대의 단편을 목격할 수 있다고 하더라도 전체의 의미를 파악할 수 있을까? 나는 이 문제를 미심쩍게 생각한다. 우리는 그들이 속한 문화의 범주를 벗어나면 의미를 상실할 수 있는 암호와도 같은 이미지들의 중요성을 평가하기 위해 현대 종교와 연관시켜 생각할 수밖에 없다. 지팡이를 짚고 발밑에 새끼 양을 거느리고 있는 사람의 모습이 기독교인들에게 어떤 의미를 가지는지 생각해 보라. 그리고 기독교에 대해 전혀 알지 못하는 사람에게 그 그림은 아무런 의미도 갖지 못한다는 사실을 생각해 보라.

동굴이 주는 메시지는 절망이 아니라 경계(警戒)이다. 오늘날 우리가 발견하는 고대의 이미지들은 고대 세계의 작은 단편일 뿐이다. 그리고 그 의미를 알고자 하는 욕구가 아무리 강하다 하더라도, 우리가 얻을 수 있는 이해의 한계를 인식하는 것이 현명한 일일 것이다. 게다가 선사 시대의 미술품에 대한 인식에는 강한(어쩌면 불가피한) 서구적 경향성이 개재되어 있었다. 그 한 가지 결과로 아프리카 동부와 남부에서 발견된(유럽과 마찬가지로 오래되었거나, 경우에 따라서는 더 오래전의 것일 수 있는) 선사 시대 예술품에 대해 주의를 소홀히 하였다. 또 다른 폐해는 선사 시대의 예술품을 서구적인 시각에서 바라보는 경향이다. 다시 말해서 박물관 벽에 걸린 그림을 보듯 하는 것이다.

　실제로 프랑스의 위대한 선사 시대 역사학자 앙드레 르루아 구랑(André Leroi-Gourhan)은 빙하 시대의 그림들을 "서구 예술의 기원"이라고 말한 적이 있다. 그의 주장은 얼토당토 않은 것이다. 약 1만 년 전인 빙하기 말기에는 구상(具象) 회화와 조각은 모두 자취를 감추고 도형적인 이미지와 기하학적인 양식들이 그 자리를 대신했기 때문이다. 원근법이나 생생한 운동감 같은 라스코 동굴 벽화에 적용된 기법들 중 상당수는 르네상스 시대에 서구 예술에서 재창조되었다.

　고대 미술품이라는 매체를 통해 후기 구석기 시대의 생활상을 약간이나마 들여다보려면 빙하 시대 미술 전체를 개괄해야 할 것이다. 문제의 시기는 약 3만 5000년 전에 시작되어 대략 1만 년 전에 빙하기와 함께 끝났다. 이 시기에 서구 유럽에서는 복잡한 기술이 처음 등장했으며, 그 기술은 마치 유행의 변천처럼 빠른 속도로 진화를 거듭했다는 사실을 기억해야 한다. 연속된 변화는 후기 구석기 시대 기술의 여러 가지 변형에 부여된 이름을 통해 표시된다. 우리는 동일한 틀을 사용해서 빙하기의 예술에서 나타난 변화를 살펴볼 수 있다.

후기 구석기 시대는 본질적으로 3만 4000년 전과 3만 년 전 사이의 오리냐크 문화기와 함께 시작되었다. 이 시기에는 벽화가 그려진 동굴이 발견되지 않았지만, 당시 구석기인들은 작은 상아 염주를 만들기 위해 많은 노력을 기울였다. 그 염주는 옷을 장식하는 데 사용되었을 것으로 생각된다. 또한 그들은 매우 훌륭한 사람의 상과 동물의 상을 만들었다.

조각상의 소재는 대개 상아였다. 독일의 보겔헤르트 유적에서는 상아로 만든 여섯 개의 작은 매머드와 말의 상이 발견되었다. 말을 묘사한 상 중 하나는 이어 붙인 자국이 없이 상아를 통째로 깎아 만든 것으로, 후기 구석기 시대에 일반적으로 발견되는 공통된 특징을 지녔다.

앞에서도 이야기했듯이, 음악은 이들 후기 구석기인들의 생활에서 중요한 역할을 했다. 프랑스 남서부의 아브리 블랑샤르에서 발굴된 뼈로 만든 작은 플루트가 그 증거이다.

약 3만 년 전에서 2만 2000년 전까지인 그라베트 문화기(첨두기를 특징으로 하는 유럽 후기 구석기 문화——옮긴이)에서 시작되었다. 그러나 동굴 벽화 이외의 다른 형태의 예술적 표현이 훨씬 더 탁월했다. 예를 들어, 대개 주거 유적에서 발견되는, 거대하고 훌륭한 얕은 돋을새김 조각은 솔뤼트레 문화기의 예술품 중에서 가장 중요한 것으로 생각된다. 걸출한 예로는 프랑스의 샤랑트 주에 있는 로크데세르(Roc de Sers) 유적에서 발견된 것으로 말, 들소, 순록, 야생 염소, 그리고 사람의 거대한 상이 동굴 뒤쪽의 바위에 새겨져 있었다. 일부 상들은 양각으로 15센티미터나 돋을새김이 되어 있었다.

후기 구석기 시대의 마지막 시기인 마들렌기(1만 8000년 전에서 1만 1000년 전까지의 시기)는 깊은 동굴에 벽화를 남긴 시기이다. 현재까지 전해지는 동굴 벽화의 80퍼센트가 모두 이 시기에 속한다. 라스코 동굴 벽화, 그리고 스페인 북부의 칸타브리아 지역에 있는 알타미라 동굴 벽화 모두 이 시기의 것이다. 마들렌기에 살았던 마지막 구석기인들은 돌, 뼈, 상아 등을 이용한 조각과 돋을새김에서 뛰어난 재능을 보여 주었다. 그들이 만든 물건 중 일부는 투창기처럼 실용적인 것이었지만, 어떤 막대기들은 실제로 어떤 쓸모가 있었는지는 확실치 않다.

흔히 마들렌기에 사람의 형상이 미술 작품으로 표현된 경우가 드물다고 이야기하지만, 사실은 그렇지 않다. 프랑스 남서부의 라마르슈 동굴에 살았던 마들렌기인들은 100명 이상 되는 사람들의 머리를 돋을새김으로 남겼는데, 그 모습이 저마다 뚜렷한 개성을 가지고 있어서 마치 100명의 초상화를 보는 듯했다.

알타미라 동굴의 걸출한 천정 그림은 마르셀리온 드 사우투올라 경(Don Marcellion de Sautuola)의 어린 딸 마리아가 아니었다면 영원히 발견되지 못했을 것이다. 알타미라 동굴은 사우투올라 경이 소유한 농장에 있었다. 1879년 어느 날, 아버지와 딸은 이미 10년 전에 발견된 동굴을 탐험하고 있었다.

마리아는 아버지가 전에 들어가 보았던 천정이 낮은 빈 굴로 들어갔다. 그녀는 "방처럼 생긴 굴속에서 이리저리 뛰며" 장난을

치고 있었다고 회상했다. 그러다가 그녀는 갑자기 천장에서 여러 가지 형상과 그림들을 발견했다. "아빠, 이것 좀 봐요. 소가 있어 요." 석유 등잔의 희미한 불빛 속에서 두 사람은 무려 1만 7000년 동안 누구의 눈에도 띄지 않았던 그림을 보았다. 20마리의 들소가 원을 그리고 있었고, 가장자리에 두 마리의 말, 늑대, 세 마리의 곰, 그리고 세 마리의 암사슴이 묘사되어 있었다. 빨간색, 노란색, 검정색으로 칠해진 그 그림들은 방금 색칠한 듯 생생했다.

아마추어 고고학자인 그녀의 아버지는 자신이 발견하지 못했 던 것을 딸이 찾아냈다는 사실에 놀랐다. 그리고 자기 딸이 엄청난 발견을 했음을 깨달았다. 그러나 불행하게도 당시의 전문적인 선 사 시대 역사학자들은 그렇게 생각하지 않았다. 그들은 그림의 색 채가 지나치게 생생하고 또렷하다는 점을 근거로 최근의 예술가 가 만든 작품이라고 판단했다. 그 그림들은 원시인들의 작품이라 고 보기에는 너무 훌륭했고, 사실적이며, 예술적이었다. 따라서 현대의 떠돌이 미술가가 만든 작품이 분명하다는 것이었다.

그 무렵 몇 점의 이동 가능한 미술 작품, 즉 뼈나 사슴의 가지 가 있는 뿔을 이용한 조각이 발견되었다. 그 덕분에 선사 시대의 미술이 실제로 존재한다는 사실이 확인되었다. 그러나 아직 고대의 것으로 확인된 회화는 없었다. 아이러니컬하게도 알타미라 동굴 벽화가 발견되기 바로 직전에 교사인 레오폴 시롱이 프랑스 남서부의 샤보 동굴의 벽에서 조각된 그림을 발견했다. 그러나 그것이 무슨 그림인지 판독이 불가능했다. 선사 시대 역사학자들은 그 그림을 후기 구석기 시대의 벽화 미술로 인정하려 하지 않았다. 영국의 고고학자 폴 반(Paul Bahn)은 이렇게 말했다. "샤보 동굴의 벽화는 영향을 미치기에는 너무 약했고, 알타미라의 벽화는 너무 훌륭해서 믿기 어려웠다."

사우투올라 경이 1888년에 세상을 떠날 때까지도, 알타미라는 빤히 들여다보이는 속임수라는 누명을 벗지 못했다. 알타미라 벽화가 선사 시대의 진본 작품으로 인정받게 된 것은 (그보다는 덜하지만) 유사한 몇 가지 발견이 뒤따른 뒤의 일이었다. 그 대부분은 프랑스에서 발견된 것들이었다.

그중에서 가장 유명한 것으로는 프랑스의 도르도뉴 지방에 있는 라모테 동굴의 벽화를 들 수 있다. 1895년에 시작되어 19세기 말까지 계속된 발굴 작업으로 벽에 조각된 들소의 모습과 여러 점의 회화가 발견되었다. 그 조각과 그림 위에 후기 구석기 시대의 퇴적층이 덮여 있었기 때문에 고대의 작품임을 분명히 알 수 있었다. 게다가 동굴에서는 사암(砂巖)으로 만들어진 구석기 시대 최초의 등잔이 발굴되어, 동굴 미술가들이 그 등잔을 이용해 어두운 동굴 속에서 작업했음을 밝혀 주었다. 이렇게 되자 전문가들도 견해를 바꾸기 시작했고, 얼마 지나지 않아 실제로 구석기 시대의 회화라는 사실이 인정되었다.

이러한 전환을 이루게 된 가장 획기적인 사건은 동굴에서 발견된 그림의 사실성에 대해 가장 적극적으로 반대하고 나섰던 에밀 카르타일락(Émile Carthailac)의 논문이었다. 그 논문은 1902년에 「한 회의론자의 고백」이라는 제목으로 발간되었다. 그는 논문 속에서 결국 이렇게 인정했다. "더 이상 알타미라 동굴 벽화를 의심할 아무런 이유도 없다." 카르타일락의 논문은 과학자가 자신의 실수를 용감하게 인정한 전형적인 예였지만, 사실 그의 태도는 내키지 않는 인정에 가까웠다. 이후에도 그는 초기의 회의론을 버리지 않았다.

처음에 빙하기의 회화는 폴 반의 표현처럼, "어떤 할 일 없는 자의 낙서, 긁적임, 장난, 무료한 사냥꾼이 별 생각 없이 손으로 그려 놓은 그림" 등의 부당한 평가를 받았다. 폴 반은 이런 종류의 해석이 당시 프랑스의 회화에 대한 관점에서 비롯된 것이라고 주장했다.

"미술품은 항상 당대의 관점에서 평가받게 마련입니다. 자신들의 초상화, 풍경화, 설화 그림 등의 견지에서 바라보게 되지요. 하지만 그건 단지 '미술'이었을 뿐입니다. 유일한 기능은 만족을 얻고, 동굴을 장식하는 것이었습니다."

게다가 일부 영향력 있는 프랑스의 선사 시대 역사가들은 자신들의 권위를 침해하는 어떤 주장도 용납하려 하지 않았고, 후기 구석기인들에게 종교적 표현이 가능했다는 사실을 인정하려 하지 않았다. 이러한 초기의 해석은 충분히 그럴 수 있었다. 특히 처음에 발견된 이동 가능한 미술품들은 매우 단순해 보였기 때문이다.

그러나 이후 벽화가 발견되자 이러한 관점은 일변했다. 동굴에서 발견된 그림들은 실제 생활을 그대로 묘사한 것이 아니었다. 동굴의 천장과 벽에 그려진 동물들의 상대적인 숫자가 그것을 말해 주었다. 게다가 구체적인 묘사가 없는 수수께끼와 같은 이미지와 기하학적인 기호들도 있었다.

최근에 캘리포니아 대학교의 존 핼버슨(John Halverson)은 선사 시대를 연구하는 역사학자들이 '예술을 위한 예술'의 해석으로 관점을 전환해야 한다고 주장했다. 그의 견해에 따르면, 진화 도중이었던 인간들의 의식이 완전히 발달했다고 생각하기 힘들기 때문에 선사 시대의 것으로 밝혀진 최초의 그림들은 당연히 단순하게 보인다는 것이다. 당시 인류의 인식 수준이 단순했기 때문이다.

알타미라 동굴 벽화는 극단적으로 단순하다. 말, 들소, 그 밖의 동물에 대한 묘사는 어떤 때에는 한 마리의 개체로 보이다가 또 어떤 때에는 여러 마리의 군집으로 보이기도 한다. 그러나 사실주의적 접근을 시도한 예는 극히 드물다. 그림은 세밀하게 묘사되었지만 전후 관계가 결여되어 있다. 헬버슨은 이 점이야말로 빙하 시대의 미술가들이 특별한 의미 없이 주변 환경의 단편들을 그리고 조각했을 뿐, 거기에 신화적 의미는 전혀 없음을 입증하는 증거라고 주장한다.

그러나 나는 이 주장이 전혀 설득력이 없다고 생각한다. 빙하기의 몇 가지 그림을 예로 들어도, 불완전하지만 현대적인 지성의 최초의 발현으로 보이는 미술품 속에 들어 있음을 알 수 있다. 베구앙 백작이 소유하고 있는 다른 동굴들 가운데 하나인 트루아 프레르 동굴에는 마법사라고 불리는 반인반수의 키메라(여러 동물의 특성이 합쳐진 상상 속의 동물—옮긴이) 상이 있다. 키메라는 뒷발로 서 있는데, 얼굴은 벽을 향하고 있다. 한 쌍의 커다란 가지가 달린 뿔을 자랑하는 이 생물은 사람을 포함한 여러 동물의 신체의 일부를 뒤섞어 놓은 듯한 모습이다.

이것은 핼버슨이 우리를 확신시키려고 애썼던 것처럼 "인식이라는 작용에 의해 매개되지 않은" 단순한 이미지가 아니다. 라스코 동굴의 '황소의 방'에 있는 첫 번째 생물 역시 단순한 모습이 아니다. 유니콘이라고 알려진 그 생물은 동물로 위장한 사람을 묘사한 것일 수도 있고, 아니면 키메라일 수도 있다. 이런 종류의 많은 그림들은 우리에게 인식 작용에 의해 매개된 결과물이라는 확신을 준다.

그러나 가장 중요한 사실은 그 상들이 핼버슨의 생각보다 훨씬 복잡하다는 점이었다. 앞에서 이미 이야기했듯이, 회화와 조각은 빙하기 세계를 그린 사실주의적인 장면들이 아니다. 그 그림들 중에서 진정한 의미에서의 풍경화는 찾아볼 수 없다. 그리고 주거 유적에서 발굴된 동물들의 유골을 통해 판단해 볼 때, 구석기인들이 잡아먹었던 동물들을 묘사한 그림은 없다. 그림에 등장하는 말과 들소는 후기 구석기 시대 화가들의 마음속에 들어 있던 동물이었다. 그들의 뱃속에는 순록과 뇌조(雷鳥)가 들어 있었던 것이다.

동굴 벽화에서 일부 동물들이 우세하게 등장하고, 일상적으로 발견되는 동물들은 그렇지 못하다는 사실은 매우 중요하다. 그

동물들은 구석기인들에게 특별한 중요성을 갖고 있었을 것으로 생각된다.

후기 구석기인들이 왜 특정 동물들을 그렸는지 그 이유를 설명하려고 시도한 최초의 가설은 사냥을 위한 주술적 측면을 제기했다. 세기 말에 인류학자들은 오스트레일리아 원주민들에게 그림이 임박한 사냥에서 더 많은 동물들을 잡게 해 달라는 주술적이고 토템 신앙적인 의식의 일환이라는 이야기를 들었다.

1903년에 종교 역사가인 살로몬 라이나흐(Salomon Reinach)는 후기 구석기 시대의 미술 역시 같은 범주에 속한다는 주장을 제기했다. 두 사회의 그림이 모두 자연환경과 연관된 일부 종을 집중적으로 묘사했다는 것이다. 따라서 오스트레일리아의 원주민들과 마찬가지로 후기 구석기인들도 자신들의 토템 신앙의 대상이 되는 동물이나 잡아먹을 동물의 증가를 기원하기 위해 그림을 그렸다는 주장이다.

앙리 브뢰유는 라이나흐의 주장에 동조해 그의 가설을 한층 발전시켜 죽을 때까지 널리 전파시켰다. 그는 거의 60여 년 동안 유럽 전역에 걸쳐 많은 숫자의 동굴에 있는 미술품들을 복사·기록하고 그 지도를 작성했다. 이 기간 동안 브뢰유는 계속 미술을 수렵 주술(hunting magic)로 해석했는데, 그것은 대다수를 점하는 고고학 연구자들의 의견과 다르지 않았다.

　　수렵 주술 가설이 갖는 명백한 문제점의 하나는 이미 살펴보았듯이, 미술품들이 후기 구석기 시대 사람들이 주식으로 삼았던 동물을 거의 묘사하지 않았다는 점이다. 프랑스 문화인류학자 클로드 레비스트로스(Claude Lévi-Strauss)는 칼라하리의 산(San) 족과 오스트레일리아 원주민들의 미술 작품에서 특정한 동물들이 빈번하게 묘사되는 이유는 그 동물들이 "먹이로 중요하기" 때문이 아니라 "사고 속에서 중요한 위치를 차지하기 때문"이라는 말을 남긴 적이 있다.

　　1961년 브뢰유가 세상을 떠났을 때, 당시까지와는 다른 새로운 관점이 등장했다. 그 장본인은 프랑스의 선사 시대 역사학자로 브뢰유만큼이나 저명한 학자인 앙드레 르루아구랑이었다.

　　르루아구랑은 미술 작품 속에서 일종의 구조를 찾으려고 노력했다. 그는 브뢰유가 개별적인 이미지를 찾으려 한 데 비해 여러 가지 이미지의 패턴들 속에서 의미를 추출하려고 했다. 그는 오랜 시간 동안 숱한 동굴 벽화를 찾아다니면서 조사를 계속한 결과, 반복되는 패턴을 발견하게 되었다. 다시 말해서, 특정 동물들이 특정 동굴의 특정 위치를 차지한다는 사실을 깨닫게 된 것이다.

일례로, 사슴은 동굴 입구의 통로에서 자주 나타나는 반면, 주동굴에서 발견되는 경우는 드물었다. 말, 들소, 황소는 주동굴에서 자주 눈에 띄는 동물들이다. 육식 동물은 동굴이라는 세계 내부의 깊은 곳에서 발견되었다. 게다가 일부 동물들은 남성을, 다른 동물들은 여성을 의미한다고 그는 주장했다. 말의 이미지는 남성을 상징하며, 들소는 여성을 뜻한다. 수사슴과 야생 염소 역시 남성을 의미한다. 매머드와 황소는 여성이다. 르루아구랑에게 있어서 그림 속에 나타난 질서는 후기 구석기 사회의 질서, 즉 남성과 여성의 분리를 반영하는 것이었다.

또 다른 프랑스 고고학자 앙네트 라밍엥페레르(Annette Laming-Emperaire)는 남녀추니라는 유사한 개념을 발전시켰다. 그러나 이 두 학자는 어떤 이미지가 남성이고 어떤 이미지가 여성인지에 대한 분별에서 불일치를 보이기도 했다. 이러한 견해 차이는 급기야 그들의 개념 체계 전체의 붕괴를 가져왔다.

최근 동굴 자체가 예술적 표현에 구조를 부여한다는 생각이 되살아나고 있다. 그러나 이번에는 그런 생각이 훨씬 더 특이한 방식으로 제기되었다. 프랑스의 고고학자 에고르 레즈니코프(Iégor Reznikoff)와 미셸 도부아(Michel Dauvois)는 프랑스 남서부의 아리에주 지역의 벽화가 있는 세 개의 동굴을 상세히 탐사했다. 그런데 과거와는 달리 그들은 석기나 조각된 물건, 또는 새로운 그림을 찾는 것이 아니었다. 그들은 동굴 안을 느린 속도로 이동하면서 잠깐씩 멈추어 동굴 여러 부분의 공명(共鳴) 현상을 조사했다. 그들은 세 옥타브에 걸친 음을 이용해서 각 동굴의 공명 지도를 작성했고, 그 결과 공명이 가장 높은 지역에서 그림이나 조각이 가장 많이 발견된다는 사실을 알아냈다.

1988년 말에 발간한 보고서에서 레즈니코프와 도부아는 동굴 공명의 놀라운 효과에 대해 서술했다. 또한 빙하 시대의 조잡한 램프의 깜박이는 불빛 아래에서 공명 효과는 한층 높았을 것이라고 주장했다.

후기 구석기인들이 동굴 벽화 앞에서 주문을 읊었을 것이라는 사실은 쉽게 상상할 수 있다. 그림에 표현된 특이한 이미지, 그리고 그림들이 동굴의 접근하기 어려운 가장 깊은 위치에서 발견된다는 사실은 의식(儀式)을 암시하고 있음을 말해 준다. 빙하기의 창작물 앞에 서면 마치 내가 투크도두베르 동굴 앞에 섰을 때와 마찬가지로, 아득한 과거의 영창(詠唱) 소리가 북, 피리, 그리고 호각 소리와 함께 우리의 마음을 두들길 것이다. 레즈니코프와 도부아의 발견은 당시 케임브리지 대학교의 고고학자 크리스 스카레가 평했듯이, "우리의 초기 선조들의 의식에서 음악과 영창이 갖는 중요성에 새로운 관심"을 환기시킨 것이었다.

르루아구랑이 1986년에 죽자, 선사 시대 역사학자들은 브뢰유가 죽었을 때와 마찬가지로 다시금 그들의 해석을 재고하려는 움직임을 보였다. 최근 연구자들은 무척이나 다양한 설명을 더하고 있다. 그러나 그 모든 해석에서 문화적 맥락이 강조되어 있고, 현대 사회의 개념들을 후기 구석기 사회에 덧씌우는 위험에 대한 자각이 한층 높아졌다.

최소한 빙하기의 일부 요소들은 후기 구석기인들이 자신들의 세계에 대한 나름대로의 개념을 조직하는(정신적 우주를 표현하는) 방식과 연관되어 있었음은 분명하다. 우리는 이 문제에 대해 잠시 후에 다시 살펴보게 될 것이다. 그러나 그때에는 후기 구석기인들이 그들의 사회 · 경제적 세계를 조직하는 방식의 보다 실용적인 측면에 대해 살펴보게 될 것이다.

예를 들어, 캘리포니아 대학교의 인류학자 마거릿 콩키(Margaret

Conkey)는 알타미라 동굴이 그 지역에 있는 수백 명의 사람들이 한데 모일 수 있는 지하 집합 장소였을 것이라는 주장을 제기했다. 그곳에는 붉은사슴과 꽃양산조개가 풍부했는데, 이러한 밴드의 집합은 풍부한 경제적인 근거를 마련해 주었다는 것이다.

그러나 현대의 수렵·채집인들을 통해 알고 있듯이, 표면적인 경제적 이유가 무엇이든 간에 이런 집합체는 세속적인 실용성보다는 사회적·정치적인 동맹 관계의 형성이라는 성격이 강한 편이다.

영국의 인류학자 로버트 레이든(Robert Laden)은 스페인 북부의 동굴 유적지에서 이러한 동맹 관계의 구조와 관련된 요소를 발견할 수 있었다. 알타미라와 같은 주요 유적은 흔히 반지름 16킬로미터 지역에 펼쳐져 있는 그보다 작은 유적들에 둘러싸여 있는 경우가 많다. 그 모습은 마치 그 주요 유적이 정치적·사회적 동맹의 중심처럼 보이기도 한다. 지름 32킬로미터에 해당하는 원은 동맹 관계가 원활하게 유지될 수 있는 가장 적절한 거리에 해당한다. 그러나 프랑스의 동굴 유적 중에서는 아직 이러한 패턴이 식별되지 않고 있다.

알타미라 동굴의 천장화에 등장하는 들소와 그 밖의 다른 동물들은 어떤 식으로든 중심권의 영향력을 묘사하는 것으로 생각된다. 천장의 주된 구조는 들소를 묘사한 거의 20가지에 달하는 다색(多色) 이미지로 구성돼 있으며, 그 배열은 주로 원주를 에워싸는 형상이다. 마거릿 콩키는 이 여러 가지 색의 구조가 유적지에 모인 서로 다른 여러 집단을 나타내는 것이라고 주장했다. 중요한 사실은 고고학자들이 알타미라 유적에서 발견한 조각된 유물이 마치 여러 지역의 장식 형태를 견본으로 모아 놓은 것처럼 폭넓은 범위에 걸쳐 있다는 사실이다.

이 시기의 북부 스페인 전역에서 사람들은 여러 가지 도안으로 실용품들을 장식한 듯하다. 그 도안 중에는 갈매기표, 초승달 모양의 구조, 겹쳐진 곡선 등이 포함되어 있었다. 그중에서 약 15개의 도안이 식별되었는데, 각각의 도안이 발견되는 장소는 지리적으로 제한되는 경향이 있어서 지역적으로 독특한 양식이나 밴드의 독자성을 시사하는 것으로 생각된다.

알타미라 동굴에서는 여러 지역의 양식이 함께 발견되었기 때문에, 사회적 · 정치적으로 중요성을 갖는 집합 장소라는 주장에 한층 설득력을 더해 주고 있다. 그러나 라스코 동굴에서는 이러한 증거가 발견되지 않고 있다. 하지만 이 유적이 한정된 지역에서 열광적인 화가의 작품으로 탄생했다기보다는 광범위한 지역의 일반적인 사람들에게 중요성을 가졌다고 생각하는 편이 합당할 것이다. 아마 라스코는 후기 구석기 우주에서 신성(神性)이 출현한 것과 같은 중요한 정신적인 사건이 일어난 곳으로서의 권위를 가졌을 것이다. 오스트레일리아 원주민들의 환경이나 그 밖의 황량한 지역에 대해서도 같은 설명을 할 수 있을 것이다.

빙하기 미술의 이미지들이 그들의 생태학적 배경에서 뽑아낸 것이며, 미술 작품에 자주 등장한다고 해서 그에 비례해 실제 세계에서도 나타남을 뜻하지는 않는다는 이야기는 이미 앞에서 다루었다. 이 사실은 그 자체로 빙하기 미술의 수수께끼와 같은 특성 중 일부를 우리에게 이야기해 준다. 그러나 구상적인 이미지 외에 훨씬 더 신비스러운 기호들이 있다. 그것은 흩어져 있는 기하학적 패턴들 또는 부호들이다. 거기에는 점, 격자(格子), 갈매기표, 곡선, 갈지(之)자, 겹쳐진 곡선들, 그리고 직사각형 모양 등이 포함되어 있다.

이 부호들은 후기 구석기 미술의 가장 신비로운 요소 중 하나이다. 과거에 이 부호들은 당시 어떤 가설이 지배적이었든 간에 수

럽 주술, 남성·여성 이분법을 나타내는 요소로 설명되었다. 최근에 데이비드 루이스윌리엄스는 새롭고 흥미로운 해석을 제안했다. 그는 그 기호들이 샤머니즘 미술에서 비밀 누설을 상징하는 기호 — 환각 상태에 빠진 사람이 쓴 기호 — 라고 말했다.

루이스윌리엄스는 40년 동안 남아프리카 산 족의 예술에 대해 연구했다. 그들의 미술 작품 중 상당수는 그 연대가 1만 년 전으로 거슬러 올라가지만, 일부는 최근에 역사적인 기억에 의해 창작되었다. 차츰 그는 산 족의 미술에 나타나는 이미지가 (서구 인류학자들이 오랫동안 가정해 왔듯이) 단지 그들의 생활을 묘사한 것이 아니라는 사실을 깨닫기 시작했다.

그 미술 작품은 무아지경의 혼수상태에 빠져 있는 샤먼들이 그린 것이었다. 그 이미지는 샤먼적인 정신세계와 연관되어 있었고, 샤먼이 환각 상태에 빠져 있는 동안 본 모습의 묘사였다. 연구를 계속하던 도중, 어느 한 시점에서 루이스윌리엄스와 그의 동료 토머스 도슨은 트란스케이의 트솔로 자치구에 거주하는 한 늙은 여인과 면담한 적이 있었다. 샤먼의 딸인 그녀는 오늘날에는 사라져 버린 샤머니즘 의식 중에서 일부를 이야기해 주었다.

그녀의 말에 따르면, 샤먼은 여러 가지 방법을 이용해 스스로

환각 상태에 빠지는데, 그중에는 마약이나 호흡 항진제와 같은 약물의 사용도 포함되어 있었다. 어떤 방법을 사용했든 간에 환각 상태는 거의 항상 율동적인 영창, 춤, 그리고 한 무리의 여성들의 박수 소리가 따르게 마련이다. 환각 상태가 깊어지면 샤먼은 몸을 부들부들 떨기 시작하며, 팔다리가 격렬하게 흔들린다. 영적인 세계를 방문하는 동안 샤먼은 고통을 못 이기는 듯 몸을 웅크리고, 때로는 '죽기도' 한다.

산 족의 신화에서 일런드영양(남아프리카산 큰 영양—옮긴이)은 매우 중요한 힘을 갖는 동물이다. 샤먼은 일런드의 목이나 인후를 잘라 얻은 피를 사람의 목이나 인후를 벤 상처에 문질러 그 사람에게 신비한 힘을 불어넣는다. 그런 다음, 샤먼은 자신이 환각 상태에서 영적 세계를 접했던 기록을 남기는 데 같은 피를 이용했다. 그 이미지들은 본질적으로 그것들이 그려진 배경 속에서 유래하는 힘을 가지며, 그녀의 말에 따르면 어떤 경우에는 그림 위에 손을 얹어야만 얻을 수 있는 힘도 있다고 한다.

일런드영양은 산 족의 그림 중에서 가장 빈번하게 등장하는 동물이다. 그리고 그 힘은 여러 가지 형태에서 나온다. 루이스윌리엄스는 후기 구석기 시대의 회화에 등장하는 말과 들소 역시 그와 유사한 힘의 근원이었을지도 모른다는 생각을 품었다. 그림 속의 이미지를 향해 호소하고 그림을 접촉해 영적 에너지를 얻는 대상이었을 가능성이 있다는 것이다. 이 의문의 해답에 접근하기 위한 수단으로 그는 후기 구석기 미술 역시 샤머니즘적이었다는 증거가 필요했다. 그 단서는 기하학적인 기호였다.

루이스윌리엄스가 조사한 심리학 문헌에 따르면, 환각 상태에는 세 가지 단계가 있다고 한다. 한 단계를 거칠 때마다 환각의 정도가 깊어지고 복잡해진다. 첫 번째 단계에서 실험자는 격자, 갈지자, 점들, 소용돌이꼴, 곡선 등과 같은 기하학적 형상을 보게 된다. 모두 여섯 가지 형태인 이들 이미지는 흔들리고, 밝게 빛나고, 생생하고, 강력하다. 그런 이미지들은 눈 속에 있는('환상 속의') 이미지라 불린다. 그 형상들은 (실재가 아니라) 뇌의 기본적인 신경 구조에서 생성되는 것이기 때문이다.

루이스윌리엄스는 1986년《현대 인류학(*Current Anthropology*)》에 실린 한 논문에서 이렇게 말했다. "그 형상들은 인간의 신경계에서 만들어지기 때문에, 의식의 변화된 단계에 몰입하는 사람들은 자신들의 문화적 배경과 상관없이 누구나 동일한 형상들을 인식하게 되는 것이다."

무아지경의 두 번째 단계에서 사람들은 이 이미지들을 실제 사물처럼 보기 시작한다. 곡선들은 풍경을 구성하는 언덕, 갈매기 표는 무기 등으로 해석된다. 이 단계에서 개인이 무엇을 보는가는 그 사람의 문화적 경험이나 관심사에 따라 달라진다. 산 족의 샤먼은 일련의 곡선들을 벌집의 모습으로 받아들였다. 벌은 그들이 환각 상태에 빠질 때 자신들의 동력으로 삼는 초자연적인 힘의 상징이기 때문이다.

환각의 두 번째 단계에서 세 번째 단계로의 이행 과정은 대개 소용돌이나 회전하는 터널을 통과하는 느낌을 수반한다. 그리고 이 단계에서는 완전한 이미지가—때로는 일상적이고, 때로는 특이한 형태의—보이게 된다. 이 단계에서 나타나는 중요한 이미지의 유형 중 하나는 인간/동물 키메라, 또는 반인반수의 모습이다그림 15. 이 생물은 샤머니즘적인 산 족의 미술에서는 흔히 발견되며, 그들은 후기 구석기 시대의 미술에서도 중요한 구성 요소의 하나이다.

첫 번째 단계의 환상 속의 이미지는 산 족의 미술에서 찾아볼 수 있으며, 그들의 미술이 샤머니즘적이라는 분명한 증거가 될 것이다. 그리고 이 동일한 이미지들이 후기 구석기 미술에서도 발견

그림 15

과거에서 온 얼굴. 사람과 동물의 특징이 혼재한다. 프랑스 남서부의 "트루아 프레르 동굴에서 나온 마법사"라고 불리는 이런 그림은 후기 구석기 시대 예술에서 흔하게 발견된다. 이것은 당시 미술의 기원이 샤머니즘임을 말해 준다.

되는데, 때로는 다른 이미지와 중첩된 형태로, 때로는 독립적으로 묘사되어 있다. 신비스러운 반인반수의 등장으로 그들은 최소한 후기 구석기 미술의 일부가 실제로 샤머니즘의 산물이라는 강력한 증거를 얻게 되었다.

이 반인반수는 한때 존 핼버슨의 말처럼 "아직 인간과 동물의 경계를 명확하게 설정하지 못하는 원시적인 정신성"의 소산이라는 식으로 잘못 해석되기도 했다. 만약 그 그림이 환각 상태에서 경험한 이미지라면, 그 이미지는 환각 상태에 빠진 구석기 시대의 화가에게는 말이나 들소만큼이나 분명하게 보였을 것이다.

미술에 대해 생각할 때 우리는 그림이 캔버스든 동굴 벽이든 간에 항상 평면 위에 그려진다는 식의 고정관념에 빠지기 쉽다. 그러나 샤머니즘 미술은 그렇지 않았다. 샤먼들은 대개 자신들이 보는 환영이 바위 표면에서 나오는 것으로 인식했다. "그들은 그 이미지들이 정령에 의해 그 자리에 놓여진 것으로 보았고, 자신은 이미 존재하는 것을 나타내고 접촉할 따름이라고 말한다. 따라서 최초의 묘사는 당신이나 내가 생각하듯이 구상적인 이미지가 아니었으며, 다른 세계의 정신적인 이미지에 의해 고정되었다."

그는 바위의 표면 자체는 실제 세계와 영적인 세계 사이의 경계면(두 세계를 이어 주는 통로)이라고 주장한다. 따라서 단지 이미지를 담아 놓은 평면 이상의 의미를 가지는 셈이다. 벽면은 이미지와 그곳에서 거행되는 의식을 위해 없어서는 안 될 필수적인 부분이다.

　　루이스윌리엄스의 가설은 상당한 관심을 끌었지만, 회의적인 반론에 부딪히기도 했다. 그 가설의 가치는 우리가 전혀 다른 눈으로 미술 작품을 볼 수 있게 해 준 점이다. 샤머니즘적 예술은 그 수법과 작품에 대한 해석이 서구 미술의 그것과는 전혀 다르기 때문에 우리는 샤머니즘 미술을 통해 후기 구석기 시대의 미술을 새로운 방식으로 볼 수 있게 된 것이다.

　　프랑스의 고고학자 미셸 로블랑셰(Michel Lorblanchet) 역시 후기 구석기 시대 미술에 대해 전혀 다른 시각을 제공해 준다. 그는 수년간 실험적인 고고학 연구를 계속하면서, 빙하기 화가들의 임무와 경험을 이해하기 위한 시도로 동굴에서 수많은 이미지를 복제했다. 그의 가장 야심 찬 계획은 프랑스 로트에 있는 페슈 메를레(Pêche Merle) 동굴의 말을 재현하는 것이었다. 두 마리의 말은 서로 마주 보는 형상을 하고 있는데, 엉덩이 부분이 약간 겹쳐져 있고, 높이는 약 1.2미터 정도이다. 말에는 검은색과 붉은색 점들이 있고, 그 주위에는 손자국이 나 있다. 이미지가 묘사되어 있는 바위 표면이 거칠기 때문에, 화가들은 붓을 사용하기보다는 관을 불어 물감을 입힌 흔적이 역력했다.

　　로블랑셰는 근처에 있는 동굴에서 그와 유사한 암석 표면을 발견했다. 취입(吹入) 기법을 이용해서 말을 새로 그려 보기로 작정했다. 그는 《디스커버(Discover)》의 기자에게 이렇게 말했다. "저는 하루에 일곱 시간씩 꼬박 일주일을 소비했습니다. 푸……푸…… 푸……. 그건 정말 힘든 일이었습니다. 더욱이 동굴 속에 일산화탄소가 많았기 때문에 특히 어려웠습니다. 하지만 만약 당신이 그 기법을 시험해 본다면 전혀 색다른 그림을 경험할 수 있을 겁니다. 그건 당신 몸의 가장 깊숙한 곳에서 당신의 영혼을 끌어내 바위 표면에 내뿜는 것입니다."

　그의 방법은 과학적인 접근 방식이라고 하기는 힘들지만, 그처럼 매력적인 연구 대상은 비정통적인 방법을 필요로 한다. 로블랑셰가 시도한 복제는 당시로서는 매우 혁신적인 연구였다. 그의 방법은 진지한 고려의 대상임이 분명했다. 빙하기의 그림들이 후기 구석기 시대 신화의 일부라면, 화가들이 어떤 방법으로 물감을 벽에 칠했든지 간에 그들은 자신들의 영혼을 벽을 쏟아 부은 것이다.

　어쩌면 우리는 투크도두베르의 조각가가 동굴에 들소를 조각하고 있을 때, 또는 라스코 동굴의 화가가 유니콘을 그리고 있을 때, 그리고 빙하 시대 미술가들이 작업을 하면서 마음속에 무슨 생각을 품고 있었는지 영원히 알 수 없을지도 모른다. 그러나 우리는 그들이 했던 일이 미술가들에게뿐 아니라 수 세대가 지난 후에도 그 이미지를 보는 사람들에게 무척 중요한 의미가 있음을 확신할 수 있다.

예술이라는 언어는 그 예술을 이해하는 사람에게 엄청난 힘을 발휘한다. 우리가 분명히 알고 있는 것은, 그 예술 작품에도 현대적인 인간 정신이 작용하고 있다는 사실이다. 그리고 오직 호모 사피엔스만이 할 수 있는 방식으로 상징과 추상화가 이루어졌다는 점이다. 아직 우리는 현생 인류가 어떤 과정을 거쳐 진화했는지 알지 못하지만, 그 과정에는 오늘날 우리가 경험하고 있는 것과 똑같은 정신세계의 탄생이 포함되어 있음을 분명히 알 수 있다.

7
언어라는 예술

잘 알려져 있듯이 구어(口語)의 진화가 인간의 선사 시대를 규정짓는 분명한 지점이었다는 점에는 의문의 여지가 없을 것이다. 실로 그것은 그 시대를 특징짓는 가장 분명한 특성이었다. 언어를 갖게 된 인류는 자연 속에서 새로운 세계를 창조할 수 있었다. 그 세계는 자기 성찰적인 세계, 우리가 만들어 낸 다른 사람들과 공유할 수 있는 세계, 즉 우리가 '문화'라고 부르는 세계이다. 언어는 우리의 매체가 되었고, 문화는 인류의 생태학적 지위를 규정지었다.

　하와이 대학교의 언어학자 데릭 비커턴(Derrick Bickerton)은 1990년에 발간된 자신의 저서 『언어와 종(*Language and Species*)』에서 이 문제에 대해 설득력 있는 주장을 제기하고 있다. "인간을 제외한 모든 동물들이 갇혀 있는 목전의 경험이라는 좁은 감옥에서 오직 언어만이 시간과 공간이라는 무한한 자유 속으로 우리를 해방시켜 줄 수 있다."

인류학자들이 확실히 이야기할 수 있는 것은 언어와 관계된 두 가지 주제에 대해서이다. 하나는 직접적인 것이고, 다른 하나는 간접적인 것이다. 우선 구어는 호모 사피엔스를 다른 모든 동물들과 구분시켜 주었다. 인간을 제외한 어떤 동물도 복잡한 구어, 즉 의사소통을 위한 복잡한 수단을 갖지 못했으며, 내적 성찰을 위한 수단 또한 획득하지 못했다. 둘째로, 호모 사피엔스의 뇌는 진화 과정에서 인간과 가장 가까운 아프리카의 대형 유인원보다 세 배나 크다. 이 두 가지 사실 사이에는 분명한 연관성이 있지만, 그 연관성의 성격을 둘러싸고 격렬한 논쟁이 벌어지고 있다.

그런데 역설적인 사실은, 철학자들이 오랫동안 언어의 세계를 깊이 고찰했음에도 불구하고 언어에 대해 알려진 사실은 대부분 지난 30년간의 연구의 소산이었다는 점이다. 언어의 진화적 근원에 대해 대략적으로 이야기하자면 두 가지 견해를 들 수 있다.

첫 번째 견해는, 언어는 인간이 지닌 고유한 특성으로서, 인간의 뇌의 크기가 확대되는 과정에서 얻어진 부산물이라는 것이다. 이 관점에 따르면 언어는 인간의 정신이 인식(의식)이라는 문턱을 넘게 된 최근에 빠른 속도로 발전하였다.

두 번째 견해는 현생 인류로 발전하지 못한 사람 이전의 선조들 시기에 여러 가지 인식 능력으로 이루어진 자연선택의 결과로 구어가 획득되었다는 것이다. 그 여러 가지 인식 능력이란 의사소통에만 한정되지 않는 폭넓은 능력들을 지칭한다. 연속성 모델(continuity model)이라고 불리는 이 모델에서 언어는 인류가 등장하기 이전의 아득한 과거에 사람속의 진화와 함께 시작되어 매우 느린 속도로 계속되어 왔다고 한다.

메사추세츠 공과 대학(MIT)의 언어학자인 놈 촘스키(Noam Chomsky)는 주로 첫 번째 모델과 연관되어 있는데, 그의 학문적 영향력은 막강했다. 대부분의 언어학자들의 견해를 대표하는 촘스키의 입장에서는 인류의 초기 기록에서 언어적 능력을 나타내는 증거를 찾을 필요가 없었다. 더구나 유인원인 우리 친척들에게서 언어 구사 능력을 찾는 따위의 일은 전혀 불필요했다. 그 결과 컴퓨터 장치나 임의적으로 제작된 기호 문자를 이용해 유인원에게 기호적인 의사소통을 가르치려는 식의 시도를 하는 사람에게는 언어학자들의 격렬한 반대가 퍼부어졌다.

이 책이 다루고 있는 주제 중 하나는 사람을 그 밖의 다른 자연과 분리된 특수한 존재로 바라보는 관점, 사람 역시 자연과 밀접한 연관이 있다고 생각하는 견해 사이의 철학적 차이에 대한 것이다. 언어의 성격과 그 기원을 둘러싼 논쟁만큼 이러한 차이가 두드러진 예는 찾아보기 힘들다. 언어학자들이 유인원의 언어를 연구하는 학자들에게 퍼붓는 독설은 두 가지 관점 사이의 큰 격차를 단적으로 반영한다. 텍사스 대학교의 심리학자 캐슬린 깁슨(Kathleen Gibson)은 최근 사람의 언어가 갖는 고유성을 주장하는 학자들을 평하면서 이렇게 썼다. "그 논의와 토론은 과학적이지만, (그 관점은) 서양의 오랜 철학적 전통과 뗄 수 없을 만큼 깊은 유착 관계를 갖고 있다. 그 유구한 전통의 뿌리는 최소한 창세기를 집필한 저자들, 그리고 플라톤과 아리스토텔레스의 저작에까지 닿아 있다. 그 저작들은 인간의 정신과 행동이 동물의 그것과는 질적으로 다르다는 생각을 바탕에 깔고 있다."

이러한 사고방식의 결과로, 오랜 세월 동안 인류학 문헌들은 사람에게 고유한 것으로 간주된 행동들을 가득 채워 왔다. 그러한 행동에는 도구 제작 능력, 그리고 기호, 내성적 인식, 언어를 구사할 수 있는 능력 등이 포함된다.

1960년대 이래 유인원이 도구를 만들어 사용했고, 기호를 사용할 수 있으며, 거울에 비친 자신의 모습을 식별할 수 있다는 사실이 밝혀지자 인간의 고유성이라는 벽은 서서히 허물어졌다. 그 와중에 온전한 지위를 유지할 수 있는 고유한 특성은 구어뿐이었다. 따라서 언어학자들은 자연스럽게 인간의 고유성을 지키는 마지막 수호자 역을 떠맡게 되었다. 더구나 그들은 자신들에게 부여된 과제를 매우 진지한 자세로 적극적으로 수행하는 것처럼 보였다.

언어는 인류의 선사 시대에 발생했으며——어떤 의미에서는 몇 가지 시기적인 궤적을 따라——그 과정에서 사람을 개체로서, 그리고 하나의 종으로 변화시켰다. 비커턴은 이렇게 말했다. "우리가 갖고 있는 모든 정신적 능력 중에서 언어는 우리의 의식이라는 문턱 아래 가장 깊은 곳에 위치하면서, 동시에 그럴듯한 설명을 붙이려는 사람에게는 가장 접근하기 어려운 것이다. 우리는 언어가 없는 생활을 단 한순간도 상상할 수 없다. 더구나 우리가 언어에 의해 어떻게 형성되어 왔는가에 대해서는 더욱 상상하기 힘들다. 우리가 최초로 사고의 틀을 형성했을 때, 언어는 바로 거기에 있었다."

개체로서의 인간은 세계 속에서의 자신의 존재를 언어에 의존하며, 언어가 없는 세계란 상상조차 할 수 없을 정도이다.

또한 종으로서의 인간이라는 측면에서, 언어는 문화의 정교화를 통해 사람들이 상호 작용하는 방식을 변화시킨다. 언어와 문화는 우리를 (종으로) 합치게 만드는 동시에 (개체로) 분리시킨다. 전 세계에 현존하는 5,000개에 달하는 언어는 우리가 공유하는 능력의 산물이다. 그러나 각각의 언어가 만들어 낸 5,000개의 문화는 제각기 다르다. 우리는 우리 자신을 형성시킨 문화의 소산 그 자체이기 때문에, 전혀 다른 문화와 마주치기 전에는 문화가 우리 스스로가 만들어 낸 하나의 인공물이라는 사실을 잊곤 한다.

언어는 호모 사피엔스와 그 밖의 다른 자연 세계 사이에 심연을 파 놓았다. 불연속적인 음, 즉 음소(音素)를 발성할 수 있는 인간의 능력은 유인원보다 조금 나은 수준에 불과하다. 사람은 50개의 음소를 가지고 있는 반면 유인원은 약 12개의 음소를 갖는다. 그렇지만 사람의 경우 음소의 사용은 거의 무한할 정도이다. 음소는 여러 가지 방식으로 배열되어, 평균적인 인간들의 경우에도 수십만 개의 단어로 이루어진 어휘를 부여해 주고, 그 단어들이 결합해 다시 무한한 숫자의 문장을 생성할 수 있다. 따라서 호모 사피엔스가 가진 빠르고 상세한 의사소통 능력과 풍부한 사고는 자연계의 다른 동물들과 견줄 수 없는 수준이다.

우리의 과제는 최초에 어떻게 언어가 발생했는지 그 과정을 설명하는 것이다. 촘스키의 견해에 따른다면, 우리는 그 근원에서 자연선택을 찾을 필요조차 없다. 왜냐하면 언어의 발생은 역사의 우연한 사건이며, 인식이라는 문턱을 통과한 이후에 발생한 능력이기 때문이다. 촘스키는 이렇게 주장한다. "현재 우리는 농구공만 한 물체에 10^{10}개의 뉴런(신경세포)이 들어 있을 때, 그리고 그 물체(뇌)가 인간의 진화 과정과 같은 특수한 환경 속에 처해 있을 때 물리 법칙이 어떻게 적용될지에 대해 전혀 알지 못한다."

그러나 MIT의 스티븐 핑커(Steven Pinker)와 마찬가지로 나 역시 이런 견해에 반대한다. 핑커는 한마디로 촘스키가 "문제를 거꾸로 보고 있다."라고 지적한다. 뇌가 발달한 다음 언어가 탄생한 것이 아니라, 언어 발달의 결과로 뇌의 용적이 커졌다는 것이다. 그는 이렇게 주장했다. "언어를 탄생시킨 것은 뇌의 크기나 형태, 뉴런의 집적도가 아니라 뇌 속에 들어 있는 미세 회로의 정확한 배열이다." 1994년에 발간된 『언어 본능(Language Instinct)』이라는 책에서 핑커는 구어가 탄생하게 된 유전적 근거로 생각되는 증거들을 수집했다. 그 증거들은 자연선택을 통한 언어의 진화(발전)를 뒷받침하는 것이었다. 오늘날 그 증거는 너무도 많아 언어가 자연선택을 통한 진화의 산물이라는 것이 거의 분명해졌다.

문제는 진화를 구어라는 방향으로 몰아 간 자연선택의 힘이 무엇이었는가이다. 우리는 언어 능력이 완전하게 발전된 형태로 나타나지 않았을 것이라는 사실을 쉽게 추측할 수 있다. 그렇다면 아직 충분히 발달하지 못한 언어는 우리 선조에게 어떤 이익을 주었는지에 대해 의문을 품게 된다.

이 물음에 대한 가장 분명한 답변은, 언어가 효율적인 의사소통 방법을 제공해 주었을 것이라는 점이다. 우리의 조상들이 원시적인 사냥이나 채집에 언어를 사용한 의사소통을 적용했을 때 큰 도움을 얻었을 것은 분명하다. 언어라는 의사소통 수단과 결합된 수렵·채집 방식은 유인원들에 비해 훨씬 생존에 유리했을 것이다. 생활 양식이 더 복잡해지자 사회·경제적 협동의 필요성 역시 증대되었다. 이런 상황에서 효율적인 의사소통의 수단은 나날이 그 중요성을 더하게 되었다. 따라서 자연선택은 서서히 언어 능력을 향상시키는 방향으로 작용했다.

그 결과 고대의 유인원들이 냈던 소리(오늘날의 유인원이 내는 헐떡거리는 소리, 우우 하는 울음소리, 끙끙거리는 소리와 비슷했을 것이다.)의 기본적인 레퍼토리(구성 내용)가 점차 확장되고, 그 표현 양식이 구조화되었다. 오늘날 우리에게 익숙한 형태의 언어는 수렵·채집을 위한 급박한 필요의 결과물로 탄생했다(또는 그런 필요에 의해 탄생했을 것이다.). 언어의 진화에 대해서는 그 밖에도 다른 가설이 있다.

수렵·채집이라는 생활 양식이 발달하게 되자, 인간은 더 많은 기술적 성과를 얻게 되었고, 보다 정교하고 복잡한 도구를 제작하게 되었다. 약 200만 년 전 사람속에 속하는 최초의 종의 등장과 함께 시작되어 현생 인류의 등장(때로는 지난 20만 년 이내에 이루어진)으로 절정을 맞은 언어의 진화적인 변화는 뇌의 크기를 세 배로 증대시켰는데, 뇌의 크기는 가장 초기의 오스트랄로피테쿠스의 400세제곱센티미터에서 오늘날의 1,350세제곱센티미터로 무려 세 배나 증가했다.

인류학자들은 오랫동안 기술적인 정교화와 뇌 용적의 증대 사이에 인과적인 연관성을 찾기 위해, 좀 더 정확하게 표현하자면 전자(기술적 정교화)의 결과로 후자(뇌 크기의 증가)가 일어났음을 입증하기 위해 많은 노력을 기울여 왔다.

그런데 이것은 1장에서 내가 언급했던 다윈의 진화론의 일부라는 사실을 기억해 둘 필요가 있다. 최근에 등장한 인간의 선사 시대에 대한 견해는 1949년에 발표된 케네스 오클리의 『도구 제작자로서의 인간(*Man the Toolmaker*)』이라는 제목의 고전적인 에세이에 잘 나타나 있다.

앞 장에서 이미 언급했듯이, 오클리는 오늘날 우리가 경험하고 있는 수준으로까지 언어가 발전하면서 현생 인류의 출현에 방아쇠를 당겼다는 주장을 제기하는 학자들 중 한 사람이다. 다시 말하자면, 현대적인 언어가 현대적인 인간을 만들었다는 뜻이다.

그러나 요즈음 현대적인 사고가 진화한 과정에 대한 다른 종류의 설명이 유행하고 있다. 그 설명은 도구 제작자로서의 인간보다는 사회적 동물로서의 인간을 지향하고 있다. 만약 언어가 사회적 상호 작용의 도구로서 진화했다면, 수렵 · 채집 사회라는 맥락에서 이루어지는 의사소통의 발전은 진화의 1차적인 원인이라기보다는 부차적으로 획득되는 이득으로 볼 수 있다.

컬럼비아 대학교의 신경학자 랠프 할로웨이(Ralph Holloway)는 1960년대에 씨앗이 뿌려진 이 새로운 관점을 제창한 중요한 선구자 중의 한 사람이었다. 그는 이미 10년 전에 이렇게 썼다. "언어란 사회 행동의 인식적인 토대(본질적으로 공격적이라기보다는 협동적인 성격의)에서 자라났고, 여성과 남성 사이의 행동적 노동의 사회 구조적 분화에 근거한다는 것이 내 생각이다. 이것은 혼자 힘으로는 아무것도 할 수 없는 유년기가 늘어나고, 2세를 재생산할 수 있는 성년에 도달하기까지의 기간이 길어지고, 뇌가 충분한 크기로 자라나고, 행동적인 학습에 소요되는 시간이 길어지는 과정에서 살아남기 위해 필수적인 진화적 적응 전략이었다."

이 주장이 내가 3장에서 설명했던 호미니드의 생활사 패턴에 대한 발견과 일치한다는 사실을 주목하라.

할로웨이의 선구적인 개념들은 외관상 여러 가지로 바뀌어 왔으며, 오늘날에는 사회적 지성 가설이라는 이름으로 불리고 있다. 최근에 런던 유니버시티 칼리지의 영장류 동물학자 로빈 던바(Robin Dunbar)는 그 개념을 다음과 같이 발전시켰다. "더 전통적인 견해에 따르면, 영장류가 자신들의 세계에서 살아남기 위해, 그리고 먹이를 찾기 위해 큰 뇌를 필요로 했다고 한다. 다른 이론은 영장류가 살았던 복잡한 사회가 큰 용적의 뇌를 진화시킨 자극제가 되었다고 주장한다."

영장류의 집단에서 사회적 상호 작용을 조절하는 중요한 역할을 한 것은 털 다듬기(grooming, 두 마리의 유인원이 짝을 이루어 서로의 털을 다듬어 주는 습성 —옮긴이)였다. 털 다듬기는 서로의 긴밀한 접촉을 유지시켜 주었고, 집단 속에서 서로를 감시하는 수단이라는 기능도 가졌다. 던바는 어느 정도 이상 규모의 집단에서는 털 다듬기가 제 기능을 수행했지만, 집단의 규모가 비대해지자 사회적인 윤활유 역할을 할 다른 수단이 필요하게 되었다고 주장한다.

던바는 선사 시대에 사람의 집단이 늘어감에 따라 더 효율적인 사회적 털 다듬기에 대한 선택이 작용했다고 말한다. 그는 이렇게 설명한다. "언어는 털 다듬기에 비해 두 가지 흥미로운 특성을 가지고 있다. 이를테면 당신은 동시에 여러 사람을 상대로 이야기를 할 수 있다. 그리고 길을 걷거나 식사를 하면서, 또는 회사에서 일을 하면서도 말을 할 수 있다." 따라서 "언어는 더 많은 개체들을 사회적 집단으로 통합시키는 방향으로 진화해 왔다."

이 시나리오에 따르면, 언어란 '말을 이용한 털 다듬기'인 셈이다. 그리고 던바는 언어가 '호모 사피엔스의 등장'과 함께 나타났다고 믿는다. 나는 사회적 지성 가설을 적극 지지하는 입장이다. 그러나, 곧 그 이유를 설명하겠지만, 나는 언어가 선사 시대 후기에 등장했다고는 생각하지 않는다.

언어가 출현한 시기는 이 논쟁의 기본 주제 중 하나이다. 언어는 초기에 등장해서 점진적인 발전을 거듭했을까? 아니면 최근에 나타나 급속도의 발전을 이루었을까? 이 물음에는 우리가 스스로를 얼마나 특수하게 보는가 하는 철학적 함의가 담겨 있다는 사실을 주목해야 할 것이다.

최근 많은 인류학자들은 비교적 최근의 빠른 발전이라는 경로를 선호한다. 그 주된 근거는 후기 구석기 시대의 혁명에서 관찰할 수 있는 행동상의 급격한 변화 때문이다. 뉴욕 대학교의 인류학자인 랜달 화이트(Randall white)는 약 10년 전에 발표한 흥미 있는 논문에서 약 10만 년 전 사람의 행동의 여러 가지 형태가 "현대인이 언어라고 인식할 수 있는 어떤 것도 존재하지 않았음"을 보여 준다고 주장했다. 해부학적 측면에서 볼 때 현대인은 바로 이 시기에 진화했지만, 그들은 문화적 맥락에서 아직 언어를 "발명"하지 않았다는 것이다. 그는 언어의 등장이 그 후의 일이라고 생각한다. "그들이 오늘날 우리가 생각하는 언어를 구사하고 문화를 갖게 된 것은⋯⋯ 약 3만 5000년 전의 일이었다."

화이트는 자신의 견해로 후기 구석기 시대에 언어 능력의 극적인 발전을 나타내는 일곱 종류의 고고학적 증거를 열거했다.

첫째, 시체 매장 의식이다. 매장 풍습이 네안데르탈 시대에 시작되었음은 거의 확실하지만 부장품을 포함하는 형태로 정교하게 발전한 것은 후기 구석기 시대 이후의 일이었다.

둘째, 상(像) 제작과 신체 장식을 포함하는 예술적 표현은 후기 구석기 시대에 이르러서야 시작되었다.

셋째, 후기 구석기 시대에 기술적인 혁신과 문화적 변화 속도가 갑작스럽게 가속되었다.

넷째, 이 시기에 최초로 문화의 지역적 차이가 나타났다(이것은 사회적 경계의 표현이자 그 소산이다.).

다섯째, 이 시기에 낯선 물건의 교역과 같은 장거리 접촉의 증거가 분명히 나타났다.

여섯째, 주거 유적지의 크기가 괄목할 정도로 증가했다. 따라서 그 정도 규모의 지역을 계획하고 조절하기 위해서는 언어가 필요하게 되었다.

일곱째, 이전까지만 해도 거의 석기에 의존하던 도구가 뼈, 가지진 뿔, 점토 등의 다른 재료를 포함하게 되었다. 이것은 언어 없이는 상상할 수 없는 물리적인 환경에 대한 복잡한 조작을 뜻한다.

화이트를 비롯해서 빈포드, 클라인과 같은 그 밖의 인류학자들은 앞에서 열거한 사람의 행동에 나타난 '최초'의 변화들의 저변에서 복잡하고 완전히 현대적으로 발전한 구어가 원동력으로 작용했다는 주장에 설득되었다.

앞 장에서 언급했듯이, 빈포드는 현생 인류 이전의 구인(舊人)에서 미래에 일어날 사건을 예측하고 그에 대비해 행동을 계획했다는 어떤 증거도 발견하지 못했다고 주장했다. 즉 진보를 향한 일보를 내딛게 만든 힘은 바로 언어였다는 것이다.

빈포드는 이렇게 말한다. "그 원동력은 언어, 좀 더 구체적으로 이야기하자면 추상화가 가능한 상징 조작이다. 근본적으로 생물적 기능에 토대를 둔 의사소통 시스템 외에 그 어떤 매개체도 이렇듯 급속한 변화를 일으킬 수는 없다고 생각한다."

클라인은 기본적으로 빈포드의 주장에 공감했다. 그 근거로 (남아프리카의 고고학적 유적지에서 나타난) 비교적 최근에 이루어진 사냥 기술의 갑작스러운 발전을 들었다. 그는 그것이 언어 능력을 포함하는 현대적인 인간 정신의 발전에 따른 결과라고 말했다.

언어가 현생 인류의 등장과 거의 같은 시기에 비교적 빠른 발전을 이루었다는 주장은 폭넓은 지지를 받고 있지만, 아직 모든 인류학자들의 합의된 견해로 인정받지는 못하고 있다. 딘 포크는

──3장에서 사람의 뇌의 진화에 대한 그의 연구를 소개한 적이 있다. ──언어가 초기에 발생했다는 주장을 고수하고 있다.

최근 그녀는 이렇게 말했다. "만약 호미니드에 속하는 구성원들이 언어를 사용하고 발전시키지 않았다면, 그들이 자가 촉매적인 방식으로 증가를 거듭한 뇌를 이용해 무엇을 했는지 묻고 싶다."

메사추세츠 주 벨몬트 병원의 신경학자 테렌스 디컨(Terrence Deacon) 역시 그녀와 비슷한 견해를 피력했다. 그러나 그가 토대로 삼은 것은 화석이 아니라 현대인의 두뇌였다. 그는 《인류의 진화(Human Evolution)》 1989년호에 게재한 논문에서 이렇게 주장했다. "언어 능력은 오랜 세월(최소한 200만 년)에 걸쳐 진행된 뇌와 언어의 상호 작용에 의해 이루어진 지속적인 선택 과정을 통해 발전했다."

디컨은 인간의 뇌와 유인원의 뇌가 뉴런의 연결 방식에서 나타내는 차이를 비교했다. 그는 사람 뇌의 진화 과정에서 두뇌 구조와 회로가 가장 큰 변화를 나타냈다는 사실이야말로 구어를 구사하는 데 필요한 특수한 요구를 반영하는 것이라고 지적했다.

말은 화석으로 남을 수는 없는 법이다. 그렇다면 인류학자들은 이 논쟁을 어떻게 풀 것인가? 우리 조상들이 만든 인공물과 해부학적 특징의 변화 같은 직접적인 증거는 사람의 진화 역사에 대해 전혀 다른 이야기를 전하고 있다. 우리는 두뇌 구조와 발성 기관의 구조의 변화 같은 해부학적 증거에 대한 검토에서 논의를 시작할 것이다. 그런 다음, 고고학적 기록 중에서 행동적 측면을 담고 있는 기술적 정교화와 예술적 표현에 대해 살펴보게 될 것이다.

우리는 이미 사람의 뇌 크기의 증대가 200만 년 전 사람속의 출현과 함께 시작되어 그 후 지속적으로 계속되었다는 사실을 살펴보았다. 약 50만 년 전, 호모 에렉투스의 평균적인 뇌 크기는 1,100세제곱센티미터였다. 그 크기는 현대인의 평균 크기에 맞먹는다. 오스트랄로피테쿠스에서 사람속으로 진화하는 과정에서 50퍼센트가 급증한 이후, 선사 시대 사람의 뇌에서는 더 이상의 급격한 증가는 나타나지 않았다. 비록 심리학자들 사이에 뇌 용적의 절대적인 크기가 가지는 중요성을 둘러싸고 논쟁이 벌어지고는 있지만, 선사 시대 사람의 뇌가 세 배로 커졌다는 사실은 분명 인식 능력의 발전을 의미한다. 만약 뇌의 크기가 언어 능력과 연관된다면, 지난 200만 년 동안 뇌 크기가 증대한 역사는 우리 선조들의 언어 능력이 점진적으로 발전했음을 의미할 것이다. 유인원과 사람의 뇌를 해부학적으로 비교한 테렌스 디컨의 연구는 이것이 설득력 있는 주장임을 시사하고 있다.

로스앤젤레스 캘리포니아 대학교의 저명한 신경생물학자인 해리 제리슨은 언어가 사람의 뇌를 증대시킨 원동력이라고 주장하면서, '도구 제작자로서의 인간'이라는 가설에서 구체화된 (손을 사용한) 조작 기술이 더 큰 뇌를 진화시킨 선택의 힘이라는 개념을 배격했다. 그는 1991년에 미국 자연사 박물관에서 행한 강연에서 이렇게 말했다. "그 주장은 전혀 부적절한 설명이라고 생각한다. 그 이유는, 도구 제작은 아주 작은 뇌 조직만으로도 가능하다. 그 반면에 간단하고 유용한 말을 만드는 데에는 상당한 크기의 뇌가 필요하다."

언어 구사를 가능하게 하는 뇌의 구조는 과거의 생각보다 훨씬 복잡했다. 사람의 뇌에는 언어와 관련된 많은 부분들이 있으며, 뇌 전체에 산재한다. 만약 우리 선조의 뇌에서 이런 역할을 맡는 부분을 식별할 수 있다면, 우리는 언어와 관련된 논쟁에 종지부를 찍을 수 있을 것이다. 그러나 이미 멸종한 사람종의 뇌에 대한 해부학적 증거는 고작 뇌 표면의 윤곽 정도에 불과하다.

그런데 다행히도 몇 가지 측면에서 언어와 도구의 사용과 연관된 뇌의 특징을 뇌 표면에서 확인할 수 있다. 이것이 바로 '브로카의 영역(Broca's area)'이라고 불리는 왼쪽 관자놀이(대부분의 경우) 근처에 위치한 볼록한 혹이다. 화석 인류의 두뇌에서 이 브로카의 영역을 발견할 수 있다면, 확실한 것은 아니지만 언어 능력이 출현했다는 신호로 받아들일 수 있다.

두 번째 가능한 근거는 현대인의 왼쪽 뇌와 오른쪽 뇌의 크기 차이이다. 대개의 사람들은 왼쪽 반구가 오른쪽에 비해 크다. 그 이유는 부분적으로 그곳(왼쪽 뇌)에 언어와 연관된 기구들이 밀집해 있기 때문이다. 왼쪽 뇌와 오른쪽 뇌의 비대칭은 어느 쪽 손을 더 잘 쓰는가(왼손잡이냐 오른손잡이냐)와도 관계된다. 전체 인구의 90퍼센트는 오른손잡이이다. 따라서 오른손잡이와 언어 능력은 모두 비대칭적으로 큰 왼쪽 뇌와 관련이 있을지 모른다.

랠프 할로웨이는 1972년에 투르카나 호의 동안에서 발견되어 약 200만 년 전의 것으로 확인된 호모 하빌리스의 훌륭한 머리뼈 '두개골 1470'의 두뇌 형태를 상세히 조사했다그림 5. 그는 그 두개골의 안쪽에 자국을 남긴 뇌의 형태에서 브로카의 영역뿐 아니라 왼쪽 뇌와 오른쪽 뇌의 미세한 비대칭까지 확인했다. 그것은 호모 하빌리스가 오늘날의 침팬지가 낼 수 있는 헐떡거림(우우 하는 소리)이라든가 으르렁거리는 소리 이상의 의사소통 수단을 구사했음을 시사하는 것이다.

그는 《인체 신경생물학(*Human Neurobiology*)》에 발표한 논문에서, 언어가 언제 어디에서 발생했는지에 대해서는 알 수 없지만, 그 기원이 "구석기 시대 초기까지" 확장되는 것으로 생각된다고 말했다. 할로웨이는 그 진화적 궤적이 오스트랄로피테쿠스에서 시작되었을 가능성이 있다고 제안했지만, 나는 그의 의견에 동의하지 않는다.

호미니드의 진화에 관한 모든 논의(최소한 이 책에서 다루어진)는 사람속이 출현했을 때 호미니드들의 적응에 큰 변화가 나타났음을 보여 주고 있다. 따라서 나는 호모 하빌리스의 진화 이후에야 구어의 일부 형태가 발전하기 시작했다고 생각한다. 나는 비커턴과 마찬가지로, 당시 나타난 언어가 구조와 내용 양면에서 지극히 단순한, 일종의 원형 언어였을 것이라고 추측한다. 그러나 그 정도의 언어도 유인원과 오스트랄로피테쿠스에 비하면 월등한 의사소통 수단이었을 것이다.

2장에서 살펴보았던 니콜라스 토스의 극히 신중하고 혁신적인 도구 제작 실험은 두뇌의 비대칭성이 원시 인류에게도 나타났다는 주장을 뒷받침해 주고 있다. 그의 석편 복제 실험은 올두바이 유물을 제작한 사람들이 뚜렷한 오른손잡이였음을 입증해 주었다. 따라서 그들은 조금 큰 왼쪽 뇌를 가졌다. "가장 초기의 도구 제작자들에게는 도구 제작이라는 행동에 의해 뇌의 좌우 기능 분화가 일어났다. 이 사실은 당시 이미 언어 능력이 형성되었음을 보여 주는 좋은 증거일 것이다."

나는 사람속의 최초의 등장과 함께 언어가 최초로 진화하기 시작했다는 화석상의 증거에 설득당했다. 최소한 언어가 초기에 등장했다는 주장을 반박할 수 있는 증거는 없기 때문이다. 그렇다면 후두, 인두, 혀, 입술과 같은 발성 기관은 어떠한가? 발성 기관은 우리에게 해부학적 정보를 제공하는 두 번째로 중요한 자료이다그림 16.

사람은 넓은 범위에 걸쳐 소리를 낼 수 있다. 그것은 후두가 목 아래쪽에 위치하고 있어서, 성대 위쪽으로 인두라는 커다란 소리통을 형성할 수 있기 때문이다. 뉴욕 마운트 시나이 병원 의과대학의 제프리 레이트먼(Jeffrey Laitman)과 브라운 대학교의 필립 리버먼(Philip Lieberman), 그리고 예일 대학의 에드먼드 크렐린 (Edmund Crelin)은 확장된 인두가 또렷한 분절적(分節的)인 발음을 낼 수 있는 핵심적인 기관이라고 말했다. 이 연구자들은 현존하는 생물과 사람의 화석 양쪽에 대해 해부학적 발성 구조를 세밀하게 조사했는데, 그것은 매우 달랐다.

사람을 제외한 모든 포유동물의 후두는 목구멍의 높은 쪽에 달려 있으며, 그 덕분에 동물들은 숨을 쉬면서 동시에 물을 마실 수 있다. 당연한 귀결로 인두의 구멍이 작아져 동물이 낼 수 있는

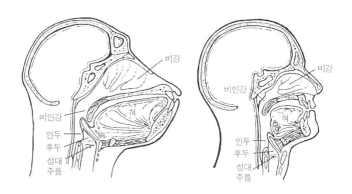

그림 16

영장류의 발성 구조. 왼쪽은 침팬지의 것으로 모든 포유류와 마찬가지로 목구멍에서 후두의 위치가 높다. 이 구조는 물이나 음식을 넘기면서 동시에 호흡을 할 수 있다는 이점이 있는 반면, 인두의 공간에서 낼 수 있는 소리의 폭이 제한된다. 사람은 목구멍의 낮은 위치에 후두를 가진다는 점에서 다르다. 따라서 호흡을 하면서 물을 마시면 기침을 하게 된다. 그러나 매우 폭넓은 소리를 낼 수 있다. 호모 에렉투스 이전의 모든 사람종은 침팬지와 같은 위치에 후두가 있다.

음역을 제한하게 된다. 따라서 대부분의 포유동물들은 후두에서 만들어 내는 소리를 변화시키는 데 구강과 입술의 모습에 의존하게 된다. 사람은 후두의 낮은 위치 덕분에 폭넓은 소리를 낼 수 있지만, 반면 물을 마시면서 동시에 소리를 낼 수 없다. 그렇게 되면 숨이 막히는 소리를 내게 된다.

갓 태어난 아기는 일반적인 포유동물과 마찬가지로 목구멍의 높은 위치에 후두를 가지고 있다. 따라서 젖을 먹으면서도 숨을 쉴 수 있다. 그러나 18개월이 지나면 후두가 목구멍 아래쪽으로 이동하기 시작해, 14살이 되면 어른과 같은 위치에 도달하게 된다. 연구자들은 사람의 선조 종에서 후두의 위치를 알 수 있다면, 그 사람 종의 발성 능력과 언어 능력에 대해 알 수 있다는 사실을 깨달았다.

그러나 이 조사에는 문제가 있었다. 발성 기관은 부드러운 조직(연골, 근육, 살과 같은)으로 이루어져 있어서 화석으로 남지 않기 때문이다. 그렇지만 초기 인류의 두개골은 매우 중요한 단서를 가지고 있다. 두개골의 기저부에 그 형태가 남기 때문이다. 전형적인 포유류의 패턴은 두개골의 기저부가 평평하다. 그러나 사람의 경우에는 두드러지게 아치형을 이룬다. 따라서 화석 인류의 두개골 형태는, 그 종이 분절음을 낼 수 있는 능력이 어느 정도인지 알려

줄 수 있다.

사람의 화석에 대한 연구를 통해, 레이트먼은 오스트랄로피테쿠스의 두개골이 기본적으로 평평하다는 사실을 발견했다. 이러한 점에서 볼 때, 오스트랄로피테쿠스는 그 밖의 다른 생물학적 특성에서처럼 유인원에 가까웠고, 유인원과 마찬가지로 발성에 의한 의사소통이 제한되어 있었음이 분명하다. 오스트랄로피테쿠스는 사람의 언어 패턴의 특징인 자유자재로 구사하는 모음의 일부를 발음할 수 없었을 것이다.

레이트먼은 이렇게 결론짓는다. "아치형으로 완전히 휜 두개골을 발견할 수 있는 화석 기록 중에서 가장 빠른 시기는 약 30만 년 전에서 40만 년 전으로, 당시 살았던 사람들은 고대형 호모 사피엔스라고 불린다." 그렇다면 해부학적으로 현대인으로 진화하기 전에 나타나던 고대형 호모 사피엔스가 완전한 현대적인 언어를 가졌다는 뜻인가? 그렇지는 않은 것 같다.

두개골 기저부의 형태 변화는 현재까지 가장 오래된 것으로 알려진 호모 에렉투스의 두개골 표본에서 찾아볼 수 있다. 그것은 약 200만 년 전의 것으로 추정되는, 북부 케냐에서 발견된 '두개골 3733'이다. 분석에 따르면, 이 호모 에렉투스 개체는 부트(boot), 파

더(father), 피트(feet)와 같은 일부 모음을 발음할 수 있는 능력을 가졌을 것으로 추측된다. 레이트먼은 초기 호모 에렉투스의 후두 위치가 오늘날의 6살짜리 아이의 그것과 동일하다는 계산을 했다.

그러나 불행하게도, 호모 하빌리스에 대해서는 아무런 분석도 할 수 없다. 지금까지 발견된 호모 하빌리스의 두개골 중에서 기저부가 손상을 입지 않고 원형대로 보존된 것이 없기 때문이다. 내 추측으로는 극히 초기에 해당하는 사람속의 완전한 두개골을 발견하게 되면, 그 기저부가 휘기 시작했음을 확인할 수 있을 것이다. 구어를 구사할 수 있는 초보적인 능력은 사람속의 등장과 함께 시작되었음이 확실하다.

그런데 이런 진화적 과정 속에서 우리는 아주 뚜렷한 모순을 발견하게 된다. 두개골 기저부를 통해 판단해 볼 때, 네안데르탈인은 그보다 수십만 년 전에 살았던 다른 고대형 사피엔스에 비해 형편없는 구어 능력을 가진 것으로 판단된다. 네안데르탈인의 두개골 기저부에서 나타나는 굴곡 정도는 호모 에렉투스보다도 뒤진다.

그렇다면 네안데르탈인은 언어 능력의 측면에서 그 선조들보다 퇴화한 것일까?(실제로 일부 인류학자들은 네안데르탈인이 멸종한 이유가 열등한 언어 능력 때문이라고 주장하는 사람도 있다.) 이런 종류의 진화적 후퇴가 일어났을 것으로 생각되지는 않는다. 실제로 자연 속에서 그런 예는 찾아볼 수 없다.

이 모순에 대한 해답은 네안데르탈인의 안면과 두개골에 대한 해부학적 연구를 통해 얻을 수 있을 것이다. 추운 기후에 대한 적응 과정에서 네안데르탈인은 얼굴 중앙부가 심하게 돌출했다. 따라서 비강이 확장되어, 그 속에서 차가운 공기가 데워지고 날숨에 포함되어 있는 수분이 응결될 수 있었다. 이런 구조는 그 종의 언어 능력을 심각하게 훼손하지 않으면서 두개골 기저부의 형태에 영향을 미쳤을 것이다. 인류학자들은 이 문제를 둘러싸고 논쟁을 계속하고 있다.

전체적인 해부학적 증거는 언어가 인류의 선사 시대 초기에 등장했고, 그 이후에 언어 능력이 점진적으로 향상되었음을 말해 준다. 그러나 도구 기술과 예술적 표현에 대한 고고학적 증거는 대부분 다른 이야기를 전하고 있다.

앞에서 언급했듯이 언어가 화석으로 남을 수는 없지만, 이론적으로 볼 때 사람의 손으로 만든 인공물이 언어에 대해 얼마간의 통찰력을 제공해 줄 수 있다. 우리는 오늘날 예술적 표현물에 대해 이야기할 때 그 속에 현대적인 정신이 숨쉬고 있음을 안다. 그리고 그것은 현대적인 수준의 언어를 함축한다. 그렇다면 석기가 우리에게 도구 제작자의 언어 능력에 대한 정보를 줄 수 있을까?

이 문제는 글린 아이작이 1976년에 뉴욕 과학 아카데미로부터 언어의 성격과 그 기원에 대한 논문을 써 달라는 부탁을 받았을 때 직면한 주제였다. 그는 약 200만 년 이전의 도구 제작 시초부터 3만 5000년 전의 후기 구석기 혁명에 이르기까지 석기 유적의 복잡성을 조사했다. 그는 도구 제작자들이 그 도구를 사용해 수행한 일보다는 자신들의 도구에 부여한 질서에 더 관심을 가졌다. 질서 부여란 사람이 갖는 강박 관념과 같은 것이다. 도구에 부여하는 질서가 완전한 정교화를 달성하기 위해서는 복잡한 구어가 필수적으로 요구된다. 언어가 없다면, 사람이 부여한 질서의 임의성은 불가능하다.

고고학적 기록은 질서 부여가 사람의 선사 시대에 걸쳐 완만하게——무척이나 느린 속도로——진행되었음을 이야기해 준다. 우리는 2장에서 약 250만 년 전에서 140만 년 전에 걸친 시기의 올두바이 문화기의 도구가 본질적으로 기회주의적이었다는 점을 살펴보았다. 도구 제작자들은 형태와 관계없이 주로 날카로운 박편을 만드는 일에 관심을 쏟았다. 긁개, 찍개와 같은 이른바 석핵(石核)이라고 불리는 도구들은 이 박편을 만드는 과정에서 생긴 부산물이다.

올두바이 문화기 다음에 형성되어 약 25만 년 전까지 지속된 아슐 문화기의 유물에 속하는 도구들도 최소한의 형태만을 가질 뿐이다. 눈물방울 모양의 주먹도끼는 그들의 정신세계 속에 있는 주형에 의해 제작되었을 것으로 추측되지만, 유물들 중 대부분의 다른 종류들은 여러 가지 측면에서 올두바이 문화기의 것과 유사했다. 게다가 아슐 문화기에 속하는 도구는 10여 가지 형태에 불과했다.

약 25만 년 전부터 네안데르탈인을 포함하는 고대형 사피엔스의 개체들은 준비된 박편을 이용해 도구를 제작했고, 이 유물들은—무스티에 문화기의 유물을 포함해서—식별이 가능한 대략 60가지 정도의 형태로 이루어졌다. 그러나 그 형태는 변하지 않은 채 20만 년 이상 계속되었다. 이 기술적 정체는 당시의 원시 인류가 완전한 현대인의 정신을 갖지 않았음을 말해 주는 것 같다.

대략 3만 5000년 전 후기 구석기 문화가 무대에 등장한 이후에야 기술 혁신과 자의적인 질서가 분명한 모습으로 확산되기 시작했다. 이 시기에 새롭고 정교한 도구 형태가 생산되었을 뿐 아니라, 후기 구석기 유물을 특징짓는 도구 형태가 10만 년 단위가 아니라 1,000년 단위로 변하게 되었다. 아이작은 이러한 기술적 다양성과 변화의 패턴이 구어의 일부 형태의 점진적인 등장을 의미하는 것으로 해석했다. 그는 후기 구석기 혁명이 진화적 궤적을 단속(斷續, 진화론에서 일정 시기 동안 느린 속도로 변화가 계속되다가 특정 시기에 폭발적인 발전이 이루어지는 것을 지칭함──옮긴이)시키는 주요한 지점이라고 주장했다. 대부분의 고고학자들은 일반적으로 이 가설에 동의한다. 물론 초기의 도구 제작자들이 구어를 사용했다면 어느 정도까지 사용했는지에 대해서는 의견의 차이가 있지만 말이다.

　니콜라스 토스와는 달리 콜로라도 대학교의 토머스 윈은 전반적인 특징을 고려할 때 올두바이 문화가 사람보다는 유인원에 가깝다고 믿는다. 그는 《맨(*Man*)》 1989년 호에 공동 집필한 한 논문에서 이렇게 지적했다. "이 문화기에서 언어라는 요소가 필요한 곳은 어디에도 없다." 그는 이 문화기에 속하는 단순한 도구의 제작에는 거의 아무런 인식 능력도 필요치 않다고 주장했다.

　그러나 토머스 윈은 아슐 문화기의 주먹도끼를 제작하는 데에는 "어느 정도 사람과 유사한" 특성이 필요할 것이라는 점은 인정했다. "(주먹도끼와 같은) 인공물은 최종 생산물의 형태가 망치이며, 그들이 품었던 의도를 통해 호모 에렉투스의 정신세계를 조금이나마 들여다볼 수 있다는 사실을 의미한다."

윈은 아슐 문화기의 도구 제작을 위해 요구되는 지적 수준을 토대로, 호모 에렉투스의 인식 능력이 현대인의 7살짜리 아이에 해당한다고 말했다. 7살짜리 아이라면 상당한 수준의 언어 능력(대상물의 지시, 문법 등을 포함하는)을 갖고 있고, 손짓 발짓 없이 순수한 언어만으로 상대와 대화를 주고받을 수 있는 수준에 해당한다. 이런 맥락에서 볼 때, 제프리 레이트먼이 두개골 기저부의 형태에 근거해 호모 에렉투스의 언어 능력이 현대인의 6살짜리 아이와 맞먹는다는 주장을 제기했다는 것은 흥미롭다.

그림 17에서 나타난 증거들은 우리를 어떤 결론으로 이끄는가? 만약 우리가 고고학적 기록 중에서 기술적 부분(도구 형태의 증가를 말함—옮긴이)에만 의존한다면, 우리는 언어가 매우 초기에 등장한 다음, 인류 선사 시대의 대부분 기간 동안 서서히 발전해서 비교적 최근에 폭발적인 발전을 이루었다고 볼 수 있을 것이다.

이것은 해부학적 증거에서 이끌어 낸 가설에 대한 일종의 타협이다. 그러나 예술적 표현에 대한 고고학적 기록은 그러한 타협을 허락하지 않는다. 얕은 동굴과 동굴에 남아 있는 그림과 조각들은 그 기록을 갑자기 약 3만 5000년 전으로 앞당긴다. 그보다 앞선 시기의 미술 작품에 해당하는 증거들(곡선이 새겨진 뼈나 황토 막대)은 극히 희귀하거나 식별이 불가능한 상태이다.

예술적 표현이 구어 사용을 가늠할 수 있는 유일한 척도라면 ── 가령 오스트레일리아의 고고학자 이언 데이비드슨(Iain Davidson)의 주장처럼 ── 언어는 비교적 최근에야 완전한 발전을 이룰 수 있었다. 그뿐 아니라, 최초로 등장한 시기 또한 최근이다. 데이비드슨은 뉴잉글랜드 대학교의 동료인 윌리엄 노블(William Noble)과 공동 집필한 한 논문에서 이렇게 주장했다. "사물의 모습을 닮은 상은 선사 시대에 공유된 의미 체계를 가진 공동체가 등장한 이후에야 제작될 수 있었다." 여기에서 '공유된 의미 체계'를 매개한 것은 물론 언어이다.

데이비드슨과 노블은 예술적 표현이 지시적 언어(언어 기호가 외계의 사물을 가리키는 본래적인 의미의 언어──옮긴이)가 발달할 수 있는 매개물 역할을 했으며, 예술이 언어에 의해 가능해진 것은 아니라고 주장했다. 예술은 언어보다 앞서 등장했거나, 또는 비슷한 시기에 나타났다는 것이다. 따라서 고고학적 기록에서 나타나는 최

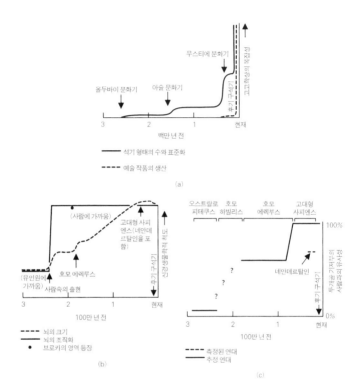

그림 17

세 가지 계열의 증거. 고고학적 기록(a)을 지침으로 삼으면, 언어는 사람의 선사 시대에 비교적 늦게 나타나 급속한 발전을 보였다. 반면, 뇌의 크기와 구조에서 얻어지는 정보(b)는 언어가 사람속의 등장과 함께 시작되어 점진적으로 발전했음을 보여 준다. 성도의 진화 과정(c) 또한 초기의 기원을 시사한다.

초의 미술 작품은 지시적 언어로서의 구어의 첫 등장을 나타내는 신호인 셈이다.

사람의 언어가 처음 나타난 시기와 그 성격을 다룬 가설들이 저마다 천차만별의 주장을 펴고 있는 것은 분명하다. 그것은 그와 연관된 증거들이, 또는 증거의 일부가 잘못 해독되었음을 뜻한다. 잘못된 해석의 복잡성에도 불구하고, 언어의 기원에 얽혀 있는 복잡성에 대한 새로운 평가는 계속 이루어지고 있다.

베너 그렌 인류학 연구 재단이 주최한 1990년 3월의 학술 회의는 향후 몇 년간 전개될 논쟁이 어떤 성격인지 알 수 있는 좋은 기회였다. '인류 진화에서의 도구, 언어, 그리고 인식'이라는 제목으로 개최된 이 회의는 인류의 선사 시대에 이 중요한 주제들을 연관지으려는 시도였다. 회의 조직자의 한 사람인 캐슬린 깁슨은 다음과 같은 견해를 밝혔다. "사람의 사회적 지능, 도구와 언어의 사용 등은 모두 사람의 뇌 크기와 그와 연관된 정보 처리 능력의 양적 증가에 의존한다. 따라서 그 어떤 능력도 제우스의 머리에서 완전한 모습을 갖추고 튀어나온 아테네 여신처럼 갑작스럽게 나타날 수는 없었을 것이다. 이들 지적인 능력은 뇌의 크기처럼 점진적으로 증가했음이 분명하다. 게다가 이 능력들은 상호 의존적이기 때문에, 어느 한 가지 능력이 단독으로 현대인의 수준까지 발전하는 것은 불가능하다." 이러한 상호 의존성을 해결하려는 시도는 매우 힘든 작업이 될 것이다.

앞서도 말했듯이, 현재 선사 시대의 재구성보다 더 시급한 과제가 있다. 우리 자신과 역사 속에서의 우리의 위치에 대한 시각 또한 하루빨리 정립되어야 할 문제이다. 인간의 특수성을 유지시키고자 하는 사람은 언어가 비교적 최근에 갑작스럽게 등장했다는 증거가 나오기를 바랄 것이다. 반면 사람이 그 밖의 자연계와 가까운 관계라는 사실을 수용할 수 있는 학자들은 사람이 가진 능력의 정수라 할 수 있는 언어 능력이 초기에 발생해서 느린 진화를 거쳤다는 사실에 실망하지 않을 것이다.

나는 만약 자연에 기괴한 변화가 일어나 호모 하빌리스와 호모 에렉투스 집단이 지금도 존재한다면, 그들 속에서 지시적 언어의 점진적인 발전을 볼 수 있을 것이라고 생각한다. 그 결과 우리와 사람을 제외한 자연 사이에 벌어져 있는 간격은 바로 우리의 선조들에 의해 메워질 것이다.

8

정신의 기원

지구상에서 생명이 탄생한 이래 세 가지 중요한 혁명이 이루어졌다. 첫 번째는 생명 자체의 탄생으로서, 약 35억 년 전에 일어난 일이다. 미생물의 형태로 발생한 생명은 그 이전까지 화학과 물리학의 법칙만이 작용하던 세계에 강력한 힘으로 등장했다. 두 번째 혁명은 약 10억 년 전에 일어난 일로서 다세포 생물의 탄생이다. 차츰 생물이 복잡해지면서 셀 수 없을 만큼 다양한 형태와 크기를 가진 동물과 식물이 진화해 풍부한 자양분을 지닌 생태계 속에서 서로 작용하게 되었다. 그리고 약 250만 년 이전에 시작된 것으로 생각되는 인간 의식의 기원이 세 번째 사건이다. 이제 생물은 스스로를 인식하게 되었고, 자연계를 자신의 목적에 따라 변화시키기 시작했다.

의식이란 무엇인가? 좀 더 구체적으로 이야기하자면 도대체 의식은 무엇을 위해 존재하는가? 또 그 기능은 무엇인가? 우리 각자가 의식 또는 자기 인식을 매개로 삼아 삶을 경험해 나간다는 사실을 생각하면 이런 물음이 조금 이상하게 들릴 수도 있을 것이다. 우리의 삶에는 너무도 강한 힘이 들어 있기 때문에, 우리가 자기 성찰적인 의식이라 부르는 주관적 지각이 없는 존재란 상상할 수조차 없을 정도이다. 그 지각은 너무도 주관적인 것이어서, 아직도 그 본질이 무엇인지 파악하지 못하고 있다. 의식은 과학자들에게 난제를 안겨 주었고, 일부 학자들은 그 문제는 영원히 해결될 수 없을 것이라고 생각하기도 한다.

우리 모두가 경험하는 자기 인식의 의미는 너무도 훌륭한 것이어서, 그 인식은 우리가 생각하고 행동하는 모든 것을 설명해 준다. 하지만 그럼에도 불구하고 다른 사람이 나와 동일한 감정을 느끼는지 객관적으로 확인할 방법은 어디에도 없으며, 그 역 또한 마찬가지이다.

과학자들과 철학자들은 수 세기에 걸쳐 이 파악하기 힘든 현상을 밝혀내기 위해 힘겨운 노력을 계속해 왔다. 특정의 정신적 상태를 조사할 수 있는 능력에 초점을 맞춘 기능적인 정의라면 어떤 의미에서 객관성을 띨 수 있을지 모른다. 그러나 그런 정의는 스스로의 존재를 인식하는 방법과는 아무런 연관이 없다. 정신이란 자아를 의식할 수 있는 토대와도 같은 것이다. 그 의식은 때로는 지극히 사적이지만, 때로는 다른 사람과 공유할 수도 있다.

또한 정신은 일상적인 물질적 대상을 뛰어넘어 상상을 통해 그 이상의 세계에 도달할 수 있는 통로이기도 하다. 그리고 정신은 우리에게 추상적인 세계를 총천연색의 생생한 실재(實在)로 바꿀 수 있는 수단을 제공하기도 한다.

3세기 전에 데카르트(René Decartes)는 자아의 내부에서 발생하는 자기의식의 근원에 얽혀 있는 불안한 수수께끼를 해결하려고 시도했다. 철학자들은 이 문제를 정신/육체라는 이분법으로 해결하려 했다. 데카르트는 이렇게 썼다. "갑작스럽게 깊은 소용돌이 속으로 빨려 들어가 바닥에 설 수도, 수면 위로 올라올 수도 없는 지경에 처한 것 같은 느낌이었다." 정신/육체 문제에 대한 그의 해결책은 정신과 육체를 전혀 별개의 독립체로 간주하고, 두 독립체가 결합해 전체를 형성한다는 이원론이었다.

터프츠 대학교의 철학자 대니얼 데닛(Daniel Dennett)은 그의 최근 저서 『의식의 해명(*Consciousness Explained*)』에서 이렇게 말했다. "그것은 불멸의 영혼과 같은 자아가 육체를 소유하고 제어한다는 식의 관점이다. 말하자면 당신이 자동차를 소유하고 운전하는 것과 같은 이치이다."

또한 데카르트는 정신을 인간만이 가지고 있는 고유한 영역으로 보았고, 다른 동물들은 자동 기계에 불과하다고 생각했다. 지난 50여 년 동안 이와 유사한 관점이 생물학과 심리학을 지배했다.

행동주의(객관적으로 관찰이 가능한 행동만을 연구 대상으로 삼는 심리학 ─옮긴이)라고 알려진 이 세계관은 인간 외의 동물들은 그들의 세계에서 일어나는 사건에 대해 반사적으로 반응할 뿐, 분석적인 사고 과정이라는 능력을 갖고 있지 않다고 주장한다. 행동주의를 지지하는 심리학자들은 동물의 정신에 그러한 사고 과정이 존재하지 않으며, 설령 있다고 해도 과학적 방법으로 동물들의 정신세계에 접근할 방법이 없기 때문에 무시할 수밖에 없다는 논리를 편다.

이 관점은 주로 하버드 대학교의 행동생물학자인 도널드 그리핀(Donald Griffin)에 의해 변화되었다. 그는 동물계에 대한 이 부정적인 관점을 폐기시키기 위해 20년 동안이나 싸움을 벌였다. 그리핀은 그 주제에 대해 세 권의 책을 집필했다. 그중에서 마지막 책이 1992년에 발간된 『동물의 마음(*Animal Minds*)』이다. 그는 심리학자와 동물행동학자가 "동물 의식이라는 개념에 거의 무감각해진 것 같다."라고 말했다. 그는 그런 현상이 마치 유령처럼 집요하게 과학을 따라다니는 행동주의의 끊임없는 영향 때문이라고 덧붙였다. "과학 연구의 다른 영역에서는 100퍼센트의 엄밀성을 갖지 않은 증거라도 받아들이지 않을 수 없다. 역사학 역시 마찬가지이다. 우주론이나 지질학을 생각해 보라. 그것도 마찬가지이다. 그리고 다윈 또한 생물학적 진화라는 사실을 엄밀한 방식으로 입증할 수 없었다."

인간의 진화를 설명하려고 시도하는 과정에서 인류학자들은 궁극적으로 인간 정신의 진화, 좀 더 구체적으로 이야기하자면 인간 의식의 진화라는 문제를 언급하지 않을 수 없다. 사실 이 주제는 인류학자들보다는 생물학자들이 연구 대상으로 삼고 있는 문제이다.

우리는 이러한 현상이 어떻게 인간의 뇌 속에서 일어났는가에 대해 질문을 제기해야 할 것이다. 의식은 완전히 발달된 형태로 호모 사피엔스의 두뇌 속에서 나타났는가? 행동주의 학자들이 주장하듯이 사람 이외의 다른 동물 중에서 의식을 발전시킨 예는 없는가? 또 우리는 인류의 선사 시대 중 어느 시기에 의식이 오늘날 우리가 경험하는 수준에까지 이르게 되었는가라는 의문도 제기할 수 있다.

의식은 선사 시대 초기에 발생해서 선사 시대에 걸쳐 조금씩 명징해진 것일까? 이런 물음도 던질 수 있다. 우리의 선조는 의식이라는 정신적인 자산을 부여받음으로써 어떤 진화적 이득을 얻었을까? 이러한 의문들이 언어의 진화와 관련해 제기된 의문과 유사하다는 사실을 주목하라. 이것은 우연의 일치가 아니다. 왜냐하면 언어와 내성적인 자기 인식은 밀접하게 상호 연관된 형상이기 때문이다.

이러한 물음에 대한 답을 구하려는 과정에서, 우리는 의식이란 무엇을 '위한' 현상인가라는 물음을 피할 수 없다. 데닛이 물었듯이, "의식이 스스로 무언가를 행할 수 있는 힘을 가진 실체이기 때문에, 그 실체에 대한 무의식적인(의식은 없지만 교묘하게 배열한) 모의실험으로는 아무것도 이룰 수 없는 것일까?" 옥스퍼드 대학교의 동물학자 리처드 도킨스(Richard Dawkins)는 자신도 그 문제가 무척 혼란스럽다고 솔직하게 인정했다. 그는 유기체가 필요로 하는 미래를 예측할 수 있는 능력에 대해 이야기했다.

그런데 컴퓨터 속에서 이루어지는 뇌의 모의실험에서도 그에 해당하는 능력을 얻을 수 있다. 그는 그 과정이 의식을 필요로 하지 않는다고 주장했다. 그는 이렇게 말했다. "모의실험이라는 능력의 발전은 주관적인 의식에서 그 절정을 이룬다." 그는 왜 그런 현상이 일어나야 하는가 하는 문제가 현대 생물학이 당면한 가장 풀기 어려운 수수께끼라고 주장했다. "뇌 속에서 일어나는 세계의 시뮬레이션이 완벽한 수준으로 발전해서 종내는 자기 자신의 모델까지 시뮬레이션의 대상으로 포함시키지 않을 수 없게 되었을 때, 의식이 발생하게 되었을 것입니다."

물론 의식이 어떤 '이유'를 가진 것이 아니라 단지 큰 두뇌의 활동에 따른 부산물일 수도 있다. 나는 진화적 관점을 선호하는 편이고, 그 관점에 따르면 의식이라는 강력한 정신 현상이 개체의 생존에 이익을 주었을 가능성이 높기 때문에 자연선택의 결과물로 탄생했을 것이라고 생각한다. 만약 의식이 아무런 이익도 주지 못했다면, 다른 대안이 받아들여졌을 것이다.

신경생물학자 해리 제리슨(Harry Jerison)은 지구상에 생물이 등장한 이래 뇌가 진화해 온 궤적에 대해 오랫동안 연구를 계속해 왔는데, 시간을 통한 변화의 패턴은 매우 놀라운 것이었다. 새로운 동물상에 속하는 주요 집단들(또는 집단 속의 집단들)의 탄생은 대개 뇌(흔히 대뇌 피질이라고 불리는 부분)의 상대적 크기에서 괄목할 만한 비약, 즉 대뇌화(大腦化)를 수반했다. 일례로, 약 2억 3000만 년 전에 최초의 원시 포유동물이 진화했을 때, 그 동물의 뇌 크기는 파충류의 평균 뇌 크기의 네다섯 배에 달했다.

5000만 년 전경에 현대의 포유동물들이 새롭게 진화했을 때에도, 뇌라는 정신적 기구의 크기는 놀랄 만큼 증가했다. 포유류 전체와 비교해 볼 때 영장류는 가장 뇌가 큰 집단으로 포유동물의 평균적인 뇌 크기의 두 배에 달한다. 영장류 중에서도 유인원은 가장 큰 뇌를 가지고 있어서, 영장류의 평균적인 뇌 크기의 두 배나 된다. 그리고 사람은 유인원의 평균 뇌 크기의 세 배가량 된다.

그러면 잠시 사람에 대한 이야기를 접어 두기로 하자. 진화적 역사를 통해 뇌 크기가 점진적으로 증가했다는 사실은 생물학적 우월성이 지속적으로 강화되었음을 뜻하는 것으로 받아들일 수 있다. 따라서 뇌가 클수록 영리한 동물이라는 의미가 된다. 절대적인 측면에서 그것은 사실이다. 그러나 실제로 어떤 일이 일어났는가에 대해 진화적 관점을 취하는 편이 유용할 것이다. 우리는 대개 포유동물이 파충류보다 영리하고 우월하다고 생각하며, 자신에게 필요한 자원을 활용하는 능력에서 앞선다고 생각한다. 그러나 생물학자들은 그런 생각이 사실이 아님을 깨달았다.

　　만약 포유동물들이 자연 속에서 필요한 자원을 활용하는 능력에서 실질적으로 우세했다면 포유류의 종류는 훨씬 다양했을 터이고, 그 다양성은 훨씬 더 많은 수의 속(屬)으로 반영되었을 것이다. 그러나 역사상 특정 시기에 나타난 포유동물속의 숫자는 파충류 중에서 가장 번성한 종류인 공룡속의 숫자와 같은 수준에 불과했다. 게다가 포유동물이 누릴 수 있는 생태적 지위(niche, 생물이 그 자체가 속하는 군집이나 생태계 속에서 차지하는 지위 — 옮긴이)의 숫자는 공룡에게 허용된 생태적 지위의 숫자와 엇비슷한 정도이다. 그렇다면 과연 큰 뇌가 주는 이익은 무엇인가?

　　진화를 이끌어 내는 원동력 중 하나는 종 사이의 끊임없는 경쟁이다. 그 경쟁 과정에서 어떤 종은 진화적 개량을 통해 일시적인 이득을 얻는다. 그러나 그 개량은 그에 대응한 다른 종의 개량으로 인해 효력을 상실하고, 다시 다른 종이 그에 대응한 개량을 하고……이런 식으로 계속된다.

　　경쟁의 결과는 빠르게 달릴 수 있는 능력, 사물을 정확하게 식별할 수 있는 능력, 포식자의 공격을 효과적으로 막아 낼 수 있는 능력, 향상된 지능과 같은 더 진전된 형태로 나타난다. 그러나 어느 것도 항구적인 이익을 누릴 수는 없다. 군사 용어를 빌리자면, 이 과정은 '군비 확장 경쟁'이라고 할 수 있다. 양 진영은 끊임없이 많은 무기를 만들고 성능을 향상시키지만, 어느 쪽도 궁극적인 승리를 거둘 수는 없다. 학자들은 이 군비 확장 경쟁이라는 용어를 생물학에 들여와 진화에서 나타나는 동일한 현상을 기술하는 데 사용했다. 점차 늘어나는 두뇌의 크기는 이러한 군비 확장 경쟁의 결과로 볼 수 있을 것이다.

그러나 크기가 작은 뇌와 비교할 때 큰 뇌에서는 무언가 다른 일이 일어나야 할 것이다. 그렇다면 '무언가 다른 일'이란 어떤 종류일까? 제리슨은 뇌를 실재에 대한 그 종의 변형판을 창출하는 것으로 생각해야 한다고 주장한다. 우리 개인이 인식하는 세계는 본질적으로 우리 자신의 경험에 지배되는, 스스로가 만들어 낸 세계이다. 그와 마찬가지로, 우리가 사람이라는 종의 입장에서 인식하는 세계는 우리가 갖는 감각적 통로의 특성에 따라 지배된다.

개를 기르는 사람이라면 누구나 갯과의 동물만이 관여할 수 있는 내밀한(사람은 불가능한) 후각적 경험이라는 세계가 있다는 사실을 알 것이다. 나비는 자외선을 볼 수 있지만, 사람은 볼 수 없다.

따라서 우리 머릿속에 들어 있는 세계는——우리가 호모 사피엔스든, 개든, 나비든 간에——외부 세계에서 내부 세계로 유입되는 정보 흐름의 정성적(定性的) 성격, 그리고 그 정보를 처리할 수 있는 내부 세계(뇌)의 능력에 의해 형성된다. '저기 바깥(out there)'에 있는 실세계와 '여기 안쪽(in here)'에서 우리가 마음속으로 인식하는 세계 사이에는 분명한 차이가 있다.

진화적 시간을 경과하면서 뇌의 크기가 증가함에 따라 감각기관에 의해 들어오는 더 많은 종류의 정보가 훨씬 더 완벽하게 처리될 수 있게 되었고, 유입된 정보들은 완전하게 통합될 수 있었다. 그 결과 정신적 처리에 의한 모델은 '저기 바깥'과 '여기 안쪽'을 훨씬 더 근접하게 일치시켰다(물론 방금 내가 언급했듯이 불가항력적인 정보의 간격은 존재했지만). 우리는 스스로의 내성적인 의식을 뽐낼지도 모른다. 그러나 우리는 뇌가 세계 속에서 인지할 수 있는 부분에 대해서만 인식할 수 있을 뿐이다.

많은 사람들은 언어를 의사소통의 수단으로 생각하지만, 제리슨은 우리의 정신적 실재가 단련될 수 있는 더 진전된 수단이 존재한다고 주장한다. 시각·후각·청각이라는 감각적 통로가 특정 동물 집단이 자신들의 고유한 정신세계를 구축하는 데 특별한 중요성을 가지듯이, 언어는 사람의 정신세계에 없어서는 안 될 핵심적인 구성 부분이다.

우리의 사고가 언어에 의존하는지 언어가 사고에 의존하는지를 주제로 한 철학적·심리학적 문헌은 셀 수 없을 만큼 많다. 그러나 사람의 인식 과정은 상당 부분(아마도 대부분) 언어 없이, 심지어는 의식의 관여 없이 이루어진다는 사실은 의심의 여지가 없다.

테니스 경기와 같은 모든 신체 활동은 거의 자동적으로——즉 다음에 어떤 행동을 해야 한다는 식의 의식 없이——진행된다. 어떤 사람이 다른 문제를 생각하고 있을 때 그 문제의 해결책이 갑작스럽게 머릿속에 떠오르는 경우도 그런 예에 해당한다. 심리학자들 중에는 우리가 사용하는 말이 더 궁극적인 인식에 대한 추가적인 표현에 불과하다는 주장을 펴는 사람도 있다. 그러나 언어가 일정한 방식으로——제리슨이 그의 주장에서 입증했듯이, 벙어리의 정신에서는 불가능한——사고의 요소를 이루고 있음은 분명하다.

진화라는 궤적에서 호미니드의 뇌에서 일어난 가장 뚜렷한 변화는, 앞에서도 말했듯이 그 크기가 세 배로 늘어났다는 점이다. 그러나 크기에서만 변화가 일어난 것은 아니었다. 전체적인 구성 또한 변화했다. 유인원과 사람의 뇌는 동일한 기본 패턴으로 구성되어 있다. 모두 왼쪽 반구(왼뇌)와 오른쪽 반구(오른뇌)라는 두 부분으로 이루어져 있다. 하나의 반구는 각기 네 개의 엽(葉)으로 나누어져 있다. 전두엽, 두정엽, 측두엽, 후두엽이 그것이다. 유인원의 경우에는 후두엽(뇌의 뒤쪽에 위치한다.)이 전두엽보다 크다. 사람은 그 반대로 전두엽이 크고 후두엽이 작다.

이러한 구성적 차이는 유인원과 다른 사람의 정신이 형성되는 과정에서 어떤 식으로든 작용했을 것이다. 선사 시대에서 어느 시기에 구조적인 변화가 일어났는지 알 수 있다면, 사람의 정신의 출현에 관한 단서를 얻을 수 있을 것이다.

다행스럽게도 두뇌의 외피는 그에 해당하는 윤곽을 두개골의 안쪽 표면에 남겨 놓았다. 따라서 화석으로 남은 두개골의 안쪽 표면에 유탁액(액체상의 합성고무나 합성수지)을 부어 형을 뜨는 방법으로 원시 인류의 두뇌 형상을 얻을 수 있다. 딘 포크가 남부와 동부 아프리카에서 발굴된 일련의 화석에 대한 연구에 이 방법을 사용한 이야기는 매우 흥미롭다. 그녀는 전두엽과 후두엽의 상대적인 크기에 대해 언급하면서 이렇게 말했다. "오스트랄로피테쿠스의 뇌는 그 구조에서 본질적으로 유인원과 유사하다. 사람과 비슷한 구조는 '호모'라는 속명을 가진 최초의 사람종이 출현하면서 나타났다."

우리는 이미 최초의 사람종이 진화했을 당시 변화된 호미니드의 여러 가지 생물학적 측면(키, 성장 패턴 등)에 대해 살펴보았다. 나는 그 변화가 수렵과 채집이라는 새로이 적응된 생태적 지위를 향한 전이의 신호라고 받아들인다. 따라서 그 시점에서 이루어진 뇌의 크기뿐만 아니라 구조상의 변화는 지속적인 것으로서 생물학적 의미를 갖고 있다.

그렇다면 당시 사람의 정신이 어느 정도 자리를 잡고 있었을까? 이 물음에 답을 하기는 힘들다. 이 물음의 해답을 얻으려면 사람과 근연도(近緣度)가 가장 가까운 동물인 유인원의 정신에 대해 알아야 한다.

영장류는 본질적으로 사회성을 지닌 동물이다. 원숭이 집단을 몇 시간만 관찰해 보아도 사회적 상호 작용이 그 구성원들에게 어떤 중요성을 갖는지 파악할 수 있을 것이다. 이미 수립된 동맹 관계는 끊임없는 시험 속에 유지되고, 한편으로는 새로운 관계가 모색된다. 친구에게는 협력이, 경쟁자에게는 도전이 주어진다. 또한 짝짓기를 위한 기회를 둘러싸고 쉴새없이 경계가 지속된다.

펜실베이니아 대학교의 영장류 학자인 도로시 체니(Dorothy Cheney)와 로버트 세이파스(Robert Seyfarth)는 케냐에 있는 암보셀리 국립공원에서 베르베트원숭이(아프리카에 서식하는 긴꼬리원숭잇과에 속하는 원숭이—옮긴이)의 여러 집단 생활을 오랜 세월 동안 관찰하고 그 기록을 남겼다.

간혹 폭력적으로 발전하기도 하는, 베르베트원숭이들의 정신없는 행동은 일반적인 관찰자의 눈에는 사회적 카오스(혼돈) 상태로 비칠 수도 있다. 그러나 원숭이의 개체를 식별할 수 있고, 개체들 사이의 가족 관계와 동맹과 경쟁 구조를 알게 된 체니와 세이파스는 명백히 혼돈으로밖에 보이지 않는 아수라장 속에서 의미를 파악할 수 있었다. 그들은 자신들이 겪은 전형적인 일화를 이렇게 기술했다. "뉴턴이란 이름을 붙여 준 원숭이의 암컷은 과일을 둘러싸고 경쟁을 벌이는 티코라는 이름의 다른 개체를 향해 돌진할 수도 있다. 그리고 티코가 도망치기 시작하면, 뉴턴의 자매인 체링 크로스가 추적에 가세한다. 그동안 뉴턴의 또 다른 자매인 웜우드 스크럽이 티코의 자매인 홀본(2미터 가량 떨어진 곳에서 먹이를 찾고 있는)에게 달려들어 엉덩이를 냅다 갈긴다."

원숭이의 두 개체 사이에 일어난 싸움은 금세 친구와 친척 사이의 싸움으로 확산된다. 그것은 오늘날 우리 주위에서도 흔히 발견할 수 있는 공격성의 발작에 따른 영향일 것이다. 체니와 세이파스는 이렇게 설명한다. "원숭이들은 서로 상대방의 행동을 예측할 수 있는 능력을 가져야 할 뿐 아니라, 자신과 상대방의 관계를 평가할 수 있어야 한다. 이처럼 결코 무작위적이 아닌(인과 관계의 결과인) 소란에 직면한 암컷 원숭이의 개체는 누가 우위이고 누가 열위인지에 대한 학습만으로는 부족하다. 그 암컷은 누가 자신을 도와줄 수 있고, 누가 상대방을 지원할지 알아야 한다."

케임브리지 대학교의 심리학자 니콜라스 험프리(Nicholas Humphrey)는 영장류 연구에 내재하는 역설을 해결하기 위한 핵심 고리가 사회적 동맹 관계를 관찰하고 판단해야 하는 정신적인 급박성에 있다고 주장한다. 그 역설은 다음과 같다. "연구소의 인위적인 환경 속에서 수차례 반복적으로 입증된 사실에 따르면, 유인원은 창조적 사유라는 놀라운 힘을 가졌다. 그러나 이러한 지적 특성은 자연환경 속에서 살아가는 같은 동물의 행동에서는 찾아볼 수 없다. 나는 아직까지 침팬지가…… 자신의 추론적 사유 능력을 이용해 생물학적인 욕구와 연관된 실제적인 문제(먹이찾기 등)를 해결한 사례에 대해 들어 보지 못했다."

험프리는 사람 역시 예외가 아니라고 말한다. 영장류 학자가 쌍안경을 통해 침팬지를 관찰하듯 아인슈타인을 관찰했다고 가정해 보자. 아인슈타인은 자신의 천재성을 거의 발휘하지 못했을 것이다. "그는 자신의 뛰어난 능력을 발휘하지 않았을 것이다. 그럴 필요가 없었을 테니까. 극히 실제적인 문제만이 일어나는 일상적인 세계에서는 굳이 천재성을 발휘할 필요가 없는 것이다."

그렇다면 자연선택이 영장류(사람까지 포함해서)에게 실제 필요한 정도 이상의 능력을 부여하는 낭비를 했거나, 아니면 그들의 일상생활이 외부 관찰자의 눈에 비치는 것보다 많은 지적 요소를 필요로 하거나 둘 중 하나일 것이다. 험프리는 두 가지 가능성 중 후자가 올바른 설명이라고 믿게 되었다. 구체적으로 이야기하자면, 영장류의 생활을 구성하는 사회적인 관계가 매우 예리한 지적 도전을 제기한다는 것이다. 그는 창조적인 지성의 일차적인 역할이 사회를 하나로 유지시키는 것이라고 주장한다.

오늘날 영장류 학자들은 영장류 집단 내에 형성되어 있는 관계의 연결망이 극도로 복잡하다는 사실을 알고 있다. 집단 속의 개체가 우위를 차지하기 위해서는 이 연결망의 복잡한 얽힘을 파악해야 한다. 그리고 그 일은 매우 힘들다. 더구나 개체들은 모두 집단 속에서의 자신의 정치적 위치를 향상시키기 위해 안간힘을 쓰기 때문에 개체 사이의 동맹 관계는 계속해서 바뀐다. 따라서 이렇듯 변화무쌍한 관계를 따라잡기는 더욱 어렵다.

끊임없이 자신과 자신의 가장 가까운 친척들의 이익을 추구하는 과정에서, 개체들은 때로는 기존의 동맹 관계를 파기하고 새로운 관계를 맺는 편이 유리하다는 사실을 깨닫는다. 그리하여 어제의 경쟁자가 오늘의 동맹자가 되기도 한다. 따라서 무리의 구성원들은 자신이 계속 변화하는 동맹 관계의 와중에 있다는 사실을 깨닫게 되고, 험프리가 사회적 체스 게임이라고 부른 변화무쌍한 게임은 더욱 예리한 지성을 요구하게 된다.

사회적 체스 게임의 경기자들은 과거의 보드 게임의 경기자들보다는 한 수 위의 기량을 발휘해야 한다. 전혀 예상치 못하는 사이에 말들이 모습을 바꾸기(나이트(기사)가 비숍(사제)으로, 폰(병사)이 룩(성)으로 등) 때문만이 아니라, 때로는 동맹자가 편을 바꾸어 적이 되기도 하기 때문이다. 사회적 체스 게임의 경기자는 경계를 늦출 수 없다. 이익이 될 일은 없는지, 예기치 않은 손해를 당하지나 않을지 항상 감시와 주목의 눈초리를 번득여야 하기 때문이다. 그렇다면 그들은 어떻게 그런 일을 할 수 있는가?

영장류 사회 속의 개체들이 받는 도전이 다른 개체들의 행동을 예측할 수 있는 능력을 주는 것이다. 그 한 가지 방법은 영장류의 개체들이 자신의 뇌 속에 거대한 정신적 창고를 마련하는 것이다. 그 창고에는 집단의 동료들이 취할 수 있는 가능한 모든 행동과 그에 대한 자신의 대응책이 저장된다. 이것은 강력한 컴퓨터 프로그램인 '딥 소트(Deep Thought)'가 체스 경기에서 그랜드 마스터의 지위를 얻을 수 있었던 방법이었다.

그러나 컴퓨터는 살아 있는 생물이 특정한 환경에 따라 취할 수 있는 행동의 가능한 조합을 전환시키는 속도보다 훨씬 빠르다. 따라서 다른 수단이 필요하다. 만일 개체가 컴퓨터와 비슷한 자동 기계처럼 행동하는 게 아니라 자신의 행동을 감시할 수 있다면, 특정 조건에서 어떤 행동을 취할지에 대해 훨씬 더 전체적인 의식을 발전시킬 수 있을 것이다. 그렇게 된다면 개체는 자신의 상태를 외삽(外挿)시켜 같은 조건하에서 다른 개체들이 나타낼 수 있는 행동을 예측할 수 있을 것이다. 험프리가 '내적인 눈(Inner Eye)'이라고 부른 이 감시 능력은 의식의 특성 중 하나이며, 그 능력을 소유한 개체에게 중요한 진화적 능력을 부여해 준다.

일단 형성된 의식은 다시 후퇴하지 않으며 충분히 발달된 의식을 갖지 못한 개체는 불이익을 당하게 된다. 마찬가지로 조금이라도 앞선 의식을 가진 개체는 큰 이득을 얻게 된다. 군비 확장 경쟁은 오직 전진밖에 없는 일방통행로를 따라 지능과 자기 인식을 발전시킨다. 내적인 눈이 점차 예리해짐에 따라 자아에 대한 보다 실제적인 감각, 즉 내성적인 의식이 나타나게 되는데, 그것은 '내적인 나(Inner I)'에 대한 인식이다.

사회 지능 발달설의 일부인 이 가설은 많은 학자들의 관심과 지지를 얻었다. 1986년에 《사이언스》에 실린 영장류 연구에 대한 논평에서 체니, 세이파스, 바버라 스무츠(Barbara Smuts)는 기술적 요구의 해결에서 지능이 차지하는 중요성과 사회적 관계에서의 지능의 중요성을 비교했다. 또한 로빈 던바는 영장류의 여러 종에서 나타나는 대뇌 피질(두뇌에서 '사고'를 담당하는 부분)의 크기 차이를 조사했는데, 그는 큰 무리를 지어 생활하는 종들이 복잡한 사회적 체스 게임에 직면했기 때문에 가장 큰 대뇌 피질을 발달시켰다는 사실을 발견했다. 그는 이렇게 결론지었다. "이것은 사회적 지능 가설과 일치되는 사실이다."

동물 행동의 이해에서 일어난 혁명(동물에게는 정신이 없다는 행동주의 학자들의 독단적 사고를 무너뜨린 혁명)에서 두 가지 계열의 증거가 중요한 역할을 했다. 하나는 사람 이외의 동물에서 자기 인식이 존재하는지 여부를 파악하기 위해 고안된 일련의 선구적인 실험이다. 두 번째는 자연적인 서식지에서 생활하는 영장류가 의도적인 속임수를 쓸 수 있는지 알아내는 방법이다.

의식처럼 사적인 경험은 실험심리학자들이 사용하는 일반적인 도구로는 파악할 엄두도 낼 수 없는 대상이다. 많은 연구자들이 사람 이외의 동물에게서 정신이나 의식과 같은 문제를 회피해 온 이유 중의 하나도 그 때문일 것이다. 그러나 1960년대 말 뉴욕 주립 대학교 올버니 분교의 심리학자 고든 갤럽(Gordon Gallup)은 자아를 의식할 수 있는지 알아보기 위한 거울 검사를 고안했다.

어떤 동물이 거울에 비친 모습을 '자신'으로 인식할 수 있다면 자신을 알아볼 수 있는 능력, 즉 의식을 가졌다고 말할 수 있다는 것이다. 애완동물을 기르는 사람이라면 고양이나 개가 때로는 거울 속에 비친 자신의 모습에 반응하지만, 거울의 상을 다른 개체의 모습(도무지 그 행동을 이해할 수 없어 곧 싫증을 느끼게 되는)으로 간주하기도 한다는 사실을 잘 알 것이다(그렇지만 그 동물의 주인은 자신의 개나 고양이가 자기 인식력이 있다고 장담할 것이다.).

갤럽이 어느 날 아침 면도를 하다가 머릿속에 떠오른 실험은 우선 동물을 거울에 친숙하게 만들고, 그런 다음 그 동물의 이마에 붉은 점을 찍는 것이었다. 그 동물이 거울의 상을 다른 개체의 모습으로 생각한다면 이마에 있는 붉은 점을 신기하게 생각하고, 경우에 따라서는 거울 표면을 건드려 보려 할 것이다. 그러나 눈앞에 나타난 거울의 상이 자신의 모습이라는 사실을 아는 동물은 거울을 보고 자기 이마에 찍혀 있는 붉은 점을 건드려 볼 것이다.

갤럽은 가장 먼저 침팬지를 대상으로 문제의 실험을 했다. 침팬지는 거울의 상이 자신의 모습임을 아는 것처럼 행동했다. 즉 자신의 이마에 나 있는 붉은 점에 손을 댄 것이다. 《사이언스》 1970년호에 실린 갤럽의 논문은 동물의 정신세계에 대한 이해에 이정표와 같은 획기적인 역할을 했다. 심리학자들은 자기 인식이라는 능력이 폭넓게 입증될 수 있을지에 대해 궁금해했다.

그 해답은 '반드시 그렇지는 않다.'였다. 오랑우탄은 거울 검사를 통과했지만, 놀랍게도 고릴라는 실패했다. 비공식적인 실험에서 일부 관찰자는 고릴라가 거울 속의 자신을 인식한 것처럼 행동했다고 주장하기도 했다. 한쪽에는 자기의식이 있고, 다른 한쪽에는 자기의식이 없는 세계를 가로지르는 정신의 루비콘 강이 있다면, 자기의식이 존재하는 쪽에 사람과 대형 유인원이 있고 반대 쪽에 그 밖의 영장류와 동물들이 있는 것이다.

그러나 일부 영장류 학자들은 많은 원숭이 종의 복잡한 사회 생활을 관찰한 결과 그것이 지나치게 배타적인 구분법이라고 지적하기도 했다. "의도적인 속임수"라고 불리는 배타적인 검사법은 최근에 등장한 것이다.

그 용어를 만든 사람은 스코틀랜드의 세인트 앤드루스 대학교의 앤드루 휘튼(Andrew Whiten)과 리처드 번(Richard Byrne)이다. 그들은 "의도적인 속임수"를 "자신의 정상적인 레퍼토리 중에서 '정직한 행동'을 전혀 다른 상황에 사용해 가장 가까운 개체들까지 속일 수 있는 능력"이라고 정의했다.

다시 말해서, 어떤 동물이 의도적으로 다른 동물에게 거짓말을 할 수 있는 능력을 뜻한다. 고의적으로 다른 개체를 속이려면 그 동물은 자신의 행동이 다른 개체에게 어떻게 비치는지를 알아야 한다. 이런 능력은 자기 인식을 필요로 한다. 어떤 식으로든 속임수가 성공을 거두려면, 그 수법을 자주 사용해서는 안 된다. "늑대가 나타났어요."라고 소리치는 양치기 소년처럼 거짓말을 자주하면 신뢰도가 떨어진다.

번과 휘튼은 비비의 무리 속에서 '의도적인 속임수'에 해당하는 여러 가지 예를 발견하고는 속임수라는 주제에 대해 비상한 관심을 갖게 되었다. 문제의 비비는 남아프리카의 드라켄스버그 산에서 관찰되었다.

어느 날, 어린 수컷 비비인 폴이 다 자란 암컷 멜에게 접근했다. 멜은 다육 식물의 뿌리를 캐고 있었다. 폴은 주위를 둘러보고 다른 비비가 없다는 사실을 확인했다. 물론 폴은 다른 비비들이 그리 멀지 않은 곳에 있다는 것을 알고 있었다. 폴은 마치 위험에라도 처한 듯 귀가 찢어질 만큼 큰 비명을 질렀다. 그러자 멜에 비해 우위인 폴의 어미가 즉각 보호 본능을 발휘했다. 어미는 냅다 달려들어 명백한 공격자인 멜을 쫓아 버렸다. 그러자 폴은 아무 일도 없었다는 듯 멜이 캐다 말고 도망친 식물 뿌리를 먹었다.

과연 폴은 이렇게 생각했을까? '흠, 내가 비명을 지르면 엄마는 멜이 나를 공격하고 있다고 생각하겠지. 엄마는 나를 보호하기 위해 달려올 거야. 그러면 지금 멜이 캐고 있는 달콤한 식물 뿌리는 내 차지가 되겠지.' 만약 어린 폴이 실제로 이런 생각을 했다면, 의도적인 속임수의 보기가 될 것이다.

번과 휘튼은 실제로 폴이 그런 생각을 했을 것이라고 믿었다.

그리고 비공식적으로 그들의 야외 조사에 함께 참여했던 동료 영장류 학자들도 같은 결론을 내렸다. 폴과 유사한 많은 조사 결과가 화제에 올랐지만, 과학 문헌에 공식적으로 기록된 사례는 거의 없었다. 대부분이 이야깃거리로 그쳐 과학적 근거가 되지 못했다.

번과 휘튼은 1985년과 1989년 두 차례에 걸쳐 100명 이상의 연구자들을 대상으로 대규모 조사를 실시해, 추측으로만 떠도는 의도적인 속임수를 입증할 수 있는 사례를 보내 달라고 부탁했다. 그 결과 300건 이상의 사례가 접수되었다. 연구자들이 알려 준 사례는 유인원에 대한 관찰에만 국한되지 않고 원숭이의 경우도 포함되어 있었다. 그런데 재미있는 사실은, 원숭이와 유인원 외에 여우원숭이와 같은 종에서 속임수의 예를 발견했다는 연구자는 단 한 명도 없었다.

영장류 학자들이 속임수의 증거를 찾는 과정에서 직면한 문제는 다음과 같은 것들이었다. 그들이 보인 행동이 실제로 자아에 대한 인식을 토대로 한 것인가? 아니면 단지 자아 인식력을 필요로 하지 않는 학습의 결과물에 불과한가? 가령 어린 비비 폴은 자신이 처한 특정 조건에서 비명을 지르면 멜의 맛있는 식물 뿌리를 차지할 수 있다는 사실을 학습했을 수도 있다. 그 경우 폴이 나타내는 행동은 의도적인 속임수가 아니라 단지 학습에 따른 반응일 것이다.

번과 휘튼은 의도적인 속임수의 후보로 추천된 사례들을 엄격한 기준으로 심사해 학습에 의한 결과로 생각되는 사례를 솎아 냈다. 그 과정에서, 그들은 1989년의 조사에서 수집된 253건의 사례 중 겨우 16건만이 진정한 의미에서의 의도적인 속임수로 간주할 수 있음을 알았다. 기준을 통과한 사례는 모두 영장류를 대상으로 한 것이었다. 영장류 중에서도 침팬지가 대부분이었다. 나는 이 자리에서 네덜란드의 영장류 학자인 프란스 플로이(Frans Plooij)가 탄자니아의 곰베 자연 보호 구역에서 관찰한 사례를 소개하기로 하겠다.

다 자란 수컷 침팬지가 먹이 공급 지역에서 혼자 있을 때, 전자 장치에 의해 작동되는 상자가 열렸다. 그 상자 속에는 바나나가 들어 있었다. 바로 그때 두 번째 침팬지가 나타났다. 그러자 첫 번째 침팬지는 재빨리 상자를 닫고 아무 일도 없다는 듯 태연하게 어슬렁거렸다. 그 침팬지는 침입자가 떠나기까지 기다렸다가 재빨리 상자를 열고 바나나를 꺼냈다. 그러나 뛰는 놈 위에 나는 놈이 있었다. 침입자는 아주 떠난 것이 아니라 근처에 숨어서 첫 번째 침팬지가 무얼 하는지 지켜보고 있었던 것이다. 첫 번째 침팬지는 속이려다가 오히려 속은 셈이다. 이것은 의도적인 속임수의 좋은 본보기이다.

이런 관찰 사례는 우리에게 침팬지의 마음을 들여다볼 수 있는 창을 열어 준다. 매일같이 침팬지와 함께 생활하는 연구자들은 이 동물이 상당 수준의 내성적 의식을 갖고 있다는 결론을 내린다. 침팬지는 다른 침팬지와의 상호 관계, 그리고 사람과의 관계에서 강한 자기의식을 보여 준다. 물론 그들의 시야가 인간에 비해 제한되어 있기는 하지만, 그 동물은 사람과 마찬가지로 남의 마음을 읽을 수 있는 것이다.

사람의 경우 마음 읽기는 다른 사람이 특정한 상황에서 어떤 행동을 할 것인가의 수준에 머무르지 않고, 상대가 가질 감정까지 예측한다. 우리는 다른 사람이 고통스럽고 실망스러운 상황에 처했음을 알았을 때 공감에 의한 동정심이나 감정 이입을 경험한다. 그리고 우리는 다른 사람의 분노를 함께 느끼고, 때로는 그 정도가 너무 강해서 육체적 고통을 느끼기까지 한다.

사람의 사회에서 찾아볼 수 있는 가장 강렬한 대리 경험은 죽음에 대한 공포일 것이다. 그 대리 경험이 신화와 종교의 탄생에

주요한 역할을 했다. 그러나 침팬지는 자기 인식력을 갖고 있음에도 불구하고, 죽음에 대해 기껏해야 당황하는 정도의 반응밖에 보이지 않는다.

물론 가까운 친척이 죽었을 때 침팬지의 개체, 또는 가족이 슬픔에 잠기거나 혼란스러운 모습을 보인다는 비공식적인 보고는 많다. 예를 들어 어린 새끼가 죽었을 때, 어미는 며칠씩이나 죽은 새끼를 업고 다닌다. 그러나 이 경우 어미의 행동은 슬픔보다는 당혹감에 기인한다고 보는 편이 타당할 것이다.

그런데 우리는 이를 어떻게 알 수 있는가? 보다 중요한 사실은 새끼를 잃은 어미가 다른 개체들로부터 동정을 받는 징후를 발견할 수 없다는 사실이다. 어미가 어떤 고통을 당하든 그것은 철저하게 혼자만의 것이다. 침팬지가 다른 개체와 감정을 나눌 수 있는 한계는 개체 집합의 집단으로 확장된다. 그렇지만 침팬지가 자신이 죽을 수밖에 없다는 사실이나 죽음이 직전에 다다랐음을 자각한다는 증거를 발견한 사람은 아무도 없다. 그러나 이 역시 우리가 어떻게 알 수 있겠는가?

우리 선조들의 자기의식에 대해 우리는 어떻게 이야기할 수 있는가? 사람과 침팬지가 공통 선조에게서 분리되어 나온 지 약

700만 년이 지났다. 따라서 우리는 침팬지가 변화하지 않고 과거의 상태를 유지하고 있다는 가정이나 침팬지를 통해 우리의 공통 선조를 관찰할 수 있다는 식의 가정에 신중을 기해야 한다. 그러나 침팬지는 사람의 계통에서 분리된 이후 여러 가지 경로를 통해 진화해 왔음이 분명하며, 공통의 조상(사회적으로 복잡한 생활을 영위한 큰 뇌를 가진 유인원)이 침팬지 수준의 의식을 발전시켰으리라는 주장은 타당할 것이다.

사람과 아프리카 유인원이 오늘날의 침팬지와 같은 수준의 자기의식을 가졌다고 가정하자. 오스트랄로피테쿠스 종의 생물학적 특성과 사회 조직을 통해 알게 된 사실을 기초로 할 때, 그들은 본질적으로 두 발을 가진 원숭이였다. 이 종의 사회 구조는 오늘날의 비비의 사회만큼이나 격렬했을 것이다. 따라서 사람과가 시작된 이후 처음 500만 년 동안 자기의식의 수준을 더 이상 발전시킬 뚜렷한 필요는 제기되지 않았을 것이다.

사람속의 진화와 함께 시작된 중요한 변화들, 즉 뇌 크기의 증가, 구조의 발전, 사회적 조직화, 그리고 생활양식의 변화 등은 의식 수준에서도 변화를 초래했을 것이다. 수렵 · 채집이라는 생활양식이 시작되자 우리 선조들이 경기자로 참여해야 했던 사회적 체스 게임은 분명 복잡성을 더하게 되었을 것이다. 그리고 이 게임의 숙달된 경기자들(보다 분명한 정신적 모델과 날카로운 의식의 소유자)은 그렇지 않은 개체보다 큰 사회적 성공을 얻고 많은 자손을 남길 수 있었을 것이다.

이런 능력은 자연선택에 유리한 위치를 부여하고, 따라서 의식은 점차 높은 수준으로 향상되었을 것이며, 점진적으로 발전한 의식은 사람을 새로운 종류의 동물로 바꾸어 놓았을 것이다. 또한 의식은 우리를 무엇이 옳고 그른지에 기초해서 행동의 자의적인 기준을 설정할 수 있는 동물로 변모시켰을 것이다.

물론 지금까지의 이야기는 대부분 추론에 불과하다. 지난 250만 년 동안 우리 선조들의 의식 수준에 어떤 일이 일어났는지 어떻게 알 수 있겠는가? 그 의식이 오늘날 우리의 수준으로 발전한 시기가 언제인지 어떻게 알겠는가? 인류학자가 직면한 어려움은 이런 의문에 답을 얻을 수 없다는 것이다. 내가 다른 사람들이 나와 같은 수준의 의식을 갖는다는 것을 증명할 수 없다면, 만약 대다수의 생물학자들이 인간 이외의 동물들의 의식 수준을 결정하는 데 실패한다면, 이미 오래전에 죽은 동물에게서 내성적인 의식이 존재했다는 증거를 어떻게 판별해 낼 수 있겠는가?

고고학적 기록 속에서 의식의 증거를 찾기란 언어의 경우보다도 훨씬 힘들다. 예술적 표현과 같은 사람의 행동은 언어와 의식적인 인식을 모두 반영한다. 반면, 예컨대 석기 제작과 같은 행동은 언어 능력에 대해서는 단서를 줄 수 있지만 의식에 대해서는 그렇지 못하다. 그러나 때로 선사 시대의 역사에 흔적을 남기는——의식을 암시하는——사람의 행동이 있다. 이것이 바로 시체에 대한 의도적인 매장 행위이다.

시체의 의식적인 처치는 죽음에 대한 의식을 단적으로 나타낸다. 따라서 자기의식을 의미한다. 모든 사회는 나름대로 죽음을 신화와 종교의 일부분으로 조화시켜 왔다. 오늘날에도 시체를 처리하는 숱한 방법이 있다. 때로는 오랫동안 시체를 유지하면서 일정기간이 지나면 다른 장소로 옮기는 식으로 철저한 관리를 하기도 하고, 때로는 최소한의 관리에 그치기도 한다. 경우에 따라서는——자주는 아니지만——매장하기도 한다. 고대 사회의 의식적 매장은 시체를 시간 속에 정지시켜 먼 후일 고고학자들이 수수께끼를 풀 수 있는 더할 나위 없는 기회를 제공해 주기도 한다.

인류의 역사에서 나타난 의도적인 매장의 최초의 증거는 약 10만 년 전 네안데르탈인의 매장이었다. 그중 가장 인상적인 매장의 예는 시기적으로 조금 후인 약 6만 년 전의 것으로, 이라크 북부의 자그로스 산맥에서 발견되었다. 동굴 입구에 성인 남자가 매장되어 있었는데, 화석화된 유골 근처의 토양에서 발견된 화분을 통해 그의 신체가 꽃(약용으로 사용되었을 가능성이 있다.)으로 된 침대 위에 놓여 있었음이 밝혀졌다. 일부 인류학자들이 추측하듯이 그는 샤먼이었을 것이다. 약 10만 년 전에 내성적 의식을 드러내는 어떤 종류의 의식이 존재했다는 증거는 어디에도 없다. 더구나 5장과 6장에서 언급했듯이, 당시에 예술이 존재했다는 증거도 없다. 그렇지만 이러한 증거의 부재가 의식의 부재를 입증하지 못한다는 것은 분명하다. 의식의 도움이 없었다면 그런 사실을 설명할 수 없을 것이다. 그러나 우리의 직계 선조인 고대형 사피엔스와 후기의 호모 에렉투스가 침팬지보다 훨씬 발달된 의식을 갖지 않았다면 매우 놀라운 일일 것이다. 그들의 사회적 복잡성, 큰 뇌 용량, 그리고 (가졌을 것으로 추정되는) 언어 능력이 발달된 의식을 시사하기 때문이다.

앞에서 설명했듯이, 네안데르탈인과 그 밖의 고대형 사피엔스는 죽음에 대한 의식을 가졌을 것이다. 따라서 의심할 여지없이 자기 성찰적인 의식을 고도로 발현시켰을 것이다. 그렇지만 그들이 가졌던 의식이 오늘날 우리의 의식처럼 명징한 것이었을까? 필경 그렇지는 않았을 것이다. 완전히 현대적인 언어와 현대적인 의식은 밀접하게 연관되어 서로를 떠받치고 있다. 현생 인류는 우리처럼 말하고, 우리처럼 자신을 인식하게 되었을 때 비로소 현생 인류가 되었다. 우리는 유럽과 아프리카에서 발견된 3만 5000년 전의 예술에서, 그리고 후기 구석기 시대에 매장을 수반한 정교한 의식에서 그 증거를 발견할 수 있다.

사람의 사회는 모두 기원에 관한 신화를 갖고 있다. 그 신화는 모든 이야기 중에서 가장 근원적인 것이다. 이러한 기원 신화는 내성적인 의식이라는 근원지에서 샘솟은 것이다. 그것은 삼라만상에 대한 설명을 필요로 하는 내부적인 목소리이다. 사람의 정신에 내성적 의식이라는 불꽃이 피어오른 이래, 모든 시기에 걸쳐 신화와 종교는 인간 사회의 일부분으로 기능해 왔다.

과학의 시대라 불리는 오늘날에 이르기까지, 신화와 종교는 여전히 위세를 떨치고 있다. 그리고 신화의 공통된 주제는 동물에게—때로는 산이나 폭풍과 같은 생물이 아닌 물질적 대상이나 힘에 대해서까지—사람과 유사한 동기와 감정을 부여하는 것이다. 이러한 의인화의 경향은 의식의 진화라는 배경에서 자연스럽게 흘러나왔다. 다른 사람의 행동을 자신의 감정으로 모델화해서

타인의 행동을 이해하기 위한 사회적 도구가 의식인 셈이다. 의식은 사람이 아니지만, 사람에게 매우 중요한 세계의 여러 가지 측면에 동일한 동기를 부여하기 위한 단순하고도 자연적인 행위이다.

수렵·채집인들의 생존을 위해 동물과 식물은 필수적인 존재였다. 그리고 환경을 구성하는 자연의 요소였다. 이러한 모든 요소의 복잡한 상호 작용으로서의 생명은, 사회적인 연결과 같은 의도적인 행동의 상호 작용이라고 볼 수 있다. 따라서 동물과 물리적인 힘들이 전 세계의 모든 사람들의 신화에서 그토록 중요한 지위를 차지했다는 사실은 전혀 놀랄 일이 아니다. 그리고 과거의 인류에 대해서도 마찬가지 이야기를 할 수 있다.

10여 년 전에 프랑스의 벽화가 있는 여러 동굴을 방문했을 때 이런 생각이 문득 머리에 떠올랐다. 내 눈앞에 펼쳐진 벽화 중에서 일부는 단순한 스케치였고, 일부는 공들여 그린 것이었다. 그 모두는 하나같이 내 마음에 강렬한 감동을 남겼다. 그러나 그 의미는 여전히 파악하기 힘들었다. 특히 반은 사람이고 반은 짐승의 형상을 한 그림이 상상력을 자극했다. 그러나 결국 내 상상력은 두 손을 들고 말았다. 내가 아득히 먼 인류의 최초의 신화 앞에 서 있다는 사실은 분명했지만, 그 신화를 읽을 방법이 묘연했다. 우리는 최근의 역사를 통해 일런드 영양이 남아프리카의 산 족에게는 정신적 힘을 상징한다는 사실을 알고 있다. 그러나 우리는 빙하기 유럽인들의 정신적인 삶에서 말과 들소가 어떤 역할을 했는지는 추측할 수밖에 없다. 우리는 그 동물이 강력한 힘을 가졌을 것이라는 사실은 알고 있지만, 어떤 식으로 그 힘을 행사했는지는 모른다.

투크도두베르 동굴의 들소 형상 앞에 선 나는 수천 년을 가로질러 연결되는 사람의 정신을 느꼈다. 그 상을 조각한 조각가의 정신과 나의 정신, 즉 관찰자의 정신이 연결되는 것을 느낀 것이다. 그리고 나는 그 예술가의 세계와 내가 서 있는 세계 사이의 거리를 실감하고 깊은 좌절감을 느꼈다. 그 좌절감은 단지 시간상의 괴리 때문이 아니라, 전혀 다른 문화라는 괴리감 때문이었다. 이것이 호모 사피엔스의 역설이다.

우리는 수렵·채집인으로서 살아온 오랜 세월 동안 형성된 정신의 다양성과 통일성을 경험한다. 우리는 자아에 대한 의식과 삶의 경이에 대한 외경심이라는 공통된 인식을 통해 통일성을 느낀다. 그리고 우리가 창조하고 다시 우리를 창조한 서로 다른 문화 속에서 (언어, 관습, 종교 등의) 다양성을 경험한다. 우리는 이렇듯 훌륭한 진화의 산물이라는 축복을 기뻐해야 할 것이다.

참고 문헌

머리말

Leakey, Richard E., and Roger Lewin, *Origins*(New York: E. P. Dutton, 1977).

──── , *Origins Reconsidered*(New York: Doubleday, 1992).

Tattersall, Ian, *The Human Odyssey*(New York: Prentice Hall, 1993).

1. 최초의 사람

Broom, Robert, *The Coming of Man: Was It Accident or Design?*(New York: Witherby, 1933).

Coppens, Yves, "East Side Story: The Origin of Humankind," *Scientific American*, May 1994, 88~95쪽.

Darwin, Charles, *The Descent of Man*(London: John Murray, 1871).

Lewin, Roger, *Bones of Contention*(New York: Touchstone, 1988).

Lovejoy, C. Owen, "The Origin of Man," *Science* 211(1981): 341~350. [See responses, 217(1982): 295~306.]

──── , "The Evolution of Human Walking," *Scientific American*, November 1988, 118~125쪽.

Pilbeam, David, "Hominoid Evolution and Hominoid Origins," *American Anthropologist*, 88 (1986): 295~312.

Rodman, Peter S., and Henry M. McHenry, "Bioenergetics of Hominid Bipedalism," *American Journal of Physical Anthropology* 52 (1980): 103~106.

Sarich, Vincent M., "A Personal Perspective on Hominoid Macromolecular Systematics," in Russel L. Ciochon and Robert S. Corruccini eds., *New Interpretations of Ape and Human Ancestry* (New York: Plenum Press, 1983), 135~150쪽.

Wallace, Alfred Russel, *Darwinism* (London: Macmillan, 1889).

2. 인류의 조상들

Foley, Robert A., *Another Unique Species* (Harlow, Essex: Longman Scientific and Technical, 1987).

_____ , "How Many Species of Hominid Should There Be?" *Journal of Human Evolution* 20 (1991): 413~429.

Johanson, Donald C., and Maitland A. Edey, *Lucy: The Beginnings of Humankind* (New York: Simon & Schuster, 1981).

Johanson, Donald C., and Tim D. White, "A Systematic Assessment of Early African Hominids," *Science* 202 (1979): 321~330.

Leakey, Richard E., *The Making of Mankind* (New York: E. P. Dutton, 1981).

Schick, Kathy D., and Nicholas Toth, *Making Stones Speak* (New York: Simon & Schuster, 1993).

Susman, Randall L., and Jack Stern, "The Locomotor Behavior of *Australopithecus afarensis*," *American Joural of Physical Anthropology* 60 (1983): 279~317.

Susman, Randall L., et al, "Arboreality and Bipedality in the Hadar Hominids," *Folia Primatologica* 43 (1984): 113~156.

Toth, Nicholas, "Archaeological Evidence for Preferential Right-Handedness in the Lower Pleistocene, and Its Possible Implication," *Journal of Human Evolution* 14 (1985): 607~614.

_____ , "The First Technology," *Scientific American*, April 1987, 112~121쪽.

Wynn, Thomas, and William C. McGrew, "An Ape's View of the Oldowan," *Man* 24 (1989): 383~398.

3. 또다른 인류

Aiello, Leslie, "Patterns of Stature and Weight in Human Evolution," *American Journal of Physical Anthropology* 81 (1990): 186~187.

Bogin, Barry, "The Evolution of Human Childhood," *Bioscience* 40 (1990): 16~25.

Foley, Robert A., and Phyllis E. Lee, "Finite Social Space, Evolutionary Pathways, and Reconstructing Hominid Behavior," *Science* 243 (1989): 901~906.

Martin, Robert D, "Human Brain Evolution in an Ecological Context," *The Fifty-second James Arthur Lecture on the Human Brain* (New York: American Museum of Natural History, 1983).

Spoor, Fred, et al., "Implications of Early Hominid Labyrinthine Morphology for Evolution of Human Bipedal Locomotion," *Nature* 369 (1994): 645~648.

Stanley, Steven M., "An Ecological Theory for the Origin of Homo," *Paleobiology* 18 (1992): 237~257.

Walker, Alan, and Richard E. Leakey, *The Nariokotome Homo Erectus Skeleton* (Cambridge: Harvard University Press, 1993).

Wood, Bernard, "Origin and Evolution of the Genus *Homo*," *Nature* 355 (1992): 783~790.

4. 고상한 사냥꾼

Ardrey, Robert, *The Hunting Hypothesis* (New York: Atheneum, 1976).

Binford, Lewis, *Bones: Ancient Men and Modern Myth* (San Diego: Academic Press, 1981).

———, "Human Ancestor: Changing Views of their Behavior," *Journal of Anthropological Archaeology* 4 (1985): 292~327.

Bunn, Henry, and Ellen Kroll, "Systematic Butchery by Plio/Pleistocene Hominids at Olduvai Gorge, Tanzania," *Current Anthropology* 27 (1986): 431~452.

Bunn, Henry, et al., "FxJj50: An Early Pleistocene Site in Northern Kenya," *World*

Archaeology 12 (1980): 109~136.

Isaac, Glynn, "The Sharing Hypothesis," *Scientific American*, April 1978, 90~106쪽.

——— , "Aspects of Human Evolution," in *Evolution from Molecules to Man*, D. S. Bendall, ed. (Cambridge: Cambridge University Press, 1983).

Lee, Richard B., and Irven DeVore, eds., *Man the Hunter* (Chicago: Aldine, 1968).

Potts, Richad, *Early Hominid Activities at Olduvai* (New York: Aldine, 1988).

Robinson, John T., "Adaptive Radiation in the Australopithecines and the Origin of Man," in F. C. Howell and F. Bourliere, eds., *African Ecology and Human Evolution* (Chicago: Aldine, 1963), 385~416쪽.

Sept, Jeanne M., "A New Perspective on Hominid Archeological Sites from the Mapping of Chimpanzee Nests," *Current Anthropology* 33 (1992): 187~208.

Shipman, Pat, "Scavenging or Hunting in Early Hominids?" *American Anthropologist* 88 (1986): 27~43.

Zihlman, Adrienne, "Women as Shapers of the Human Adaptation," in Frances Dahlberg, ed., *Woman the Gatherer* (New Haven: Yale University Press. 1981).

5. 현생 인류의 기원

Klein, Richard G., "The Archeology of Modern Humans," *Evolutionary Anthropology* 1 (1992): 5~14.

Lewin, Roger, *The Origin of Modern Humans* (New York: W. H. Freeman, 1993).

Mellars, Paul, "Major Issues in the Emergence of Modern Humans." *Current Anthropology* 30 (1989): 349~385.

Mellars, Paul, and Christopher Stringer, eds., *The Human Revolution: Behavioural and Biological Perspectives on the Origins of Modern Humans* (Edinburgh: Edinburgh University Press, 1989).

Rouhani, Shahin, "Molecular Genetics and the Pattern of Human Evolution," in Mellars and Stringer, eds., *The Human Revolution*.

Stringer, Christopher, "The Emergence of Modern Humans," *Scientific American*, December 1990, 98~104쪽.

Stringer, Christopher, and Clive Gamble, *In Search of the Neanderthals* (London:

Thames & Hudson, 1993).

Thorne, Alan G., and Milford H. Wolpoff, "The Multiregional Evolution of Humans," *Scientific American*, April 1992, 76~83쪽.

Trinkaus, Erik, and Pat Shipman, *The Neanderthals*(New York: Alfred A. Knopf, 1993).

White, Randall, "Rethinking the Middle/Upper Paleolthic Transition," *Current Anthropology* 23 (1982): 169~189.

Wilson, Allan C., and Rebecca L. Cann, "The Recent African Genesis of Humans," *Scientific American*, April 1992, 68~73쪽.

6. 예술이라는 언어

Bahn, Paul, and Jean Vertut, *Images of the Ice age*(New York: Facts on File, 1988).

Conkey, Margaret W., "New Approaches in the Search for Meaning? A Review of Research in 'Paleolithic Art,'" *Journal of Field Archaeology* 14 (1987): 413~430.

Davidson, Iain, and William Nobel, "The Archeology of Depiction and Language," *Current Anthropology* 30 (1989): 125~156.

Halverson, John, "Art for Art's Sake in the Paleolithic," *Current Anthropology* 28 (1987): 63~89.

Lewin, Roger, "Paleolithic Paint Job," *Discover*, July 1993, 64~70쪽.

Lewis-Williams, J. David, and Thoman A. Dowson, "The Signs of All Times," *Current Anthropology* 29 (1988): 202~245.

Lindly, John M., and Geoffrey A. Clark, "Symbolism and Modern Human Origins," *Current Anthropology* 31 (1991): 233~262.

Lorblanchet, Michel, "Spitting Images," *Archeology*, November/December 1991, 27~31쪽.

Scarre, Chris, "Painting by Resonance," *Nature* 338 (1989): 382.

White, Randall, "Visual Thinking in the Ice Age," *Scientific American*, July 1989, 92~99쪽.

7. 언어라는 예술

Bickerton, Derek, *Language and Species* (Chicago: University of Chicago Press, 1990).

Chomsky, Noam, *Language and Problems of Knowledge* (Cambridge: MIT Press, 1988).

Davidson, Iain, and William Noble, "The Archeology of Depiction and Language," *Current Anthropology* 30 (1989): 125~156.

Deacon, Terrence, "The Neural Circuitry Underlying Primate Calls and Human Language," *Human Evolution* 4 (1989): 367~401.

Gibson, Kathleen, and Tim Ingold, eds., *Tools, Language, and Intelligence* (Cambridge: Cambridge University Press, 1992).

Holloway, Ralph, "Human Paleontological Evidence Relevant to Language Behavior," *Human Neurobiology* 2 (1983): 105~114.

Isaac, Glynn, "Stages of Cultural Elaboration in the Pleistocene," in Steven R. Harnad, Horst D. Steklis, and Jane Lancaster, eds., *Origins and Evolution of Language and Speech* (New York: New York Academy of Sciences, 1976).

Jerison, Harry, "Brain Size and the Evolution of Mind," *The Fifty-ninth James Arthur Lecture on the Human Brain* (New York: American Museum of Natural History, 1991).

Laitman, Jeffrey T., "The Anatomy of Human Speech," *Natural History*, August 1984, 20~27쪽.

Pinker, Steven, *The Language Instinct* (New York: William Morrow, 1994).

Pinker, Steven, and Paul Bloom, "Natural Language and Natural Selection," *Behavioral and Brain Sciences* 13 (1990): 707~784.

White, Randall, "Thoughts on Social Relationships and Language in Hominid Evolution," *Journal of Social and Personal Relationships* 2 (1985) 95~115.

Wills, Christopher, *The Runaway Brain* (New York: Basic Books, 1993).

Wynn, Thomas, and William C. McGrew, "An Ape's View of the Oldowan," *Man* 24 (1989): 383~398.

8. 정신의 기원

Byrne, Richard, and Andrew Whiten, *Machiavellian Intelligence: Social Expertise and the Evolution of Intellect in Monkeys, Apes, and Humans*(Oxford: Clarendon Press, 1988).

Cheney, Dorothy L., and Robert M. Seyfarth, *How Monkeys See the World*(Chicago: University of Chicago Press, 1990).

Dennett, Daniel, *Consiousness Explained*(Boston: Little, Brown, 1991).

Gallup, Gordon, "Self-awareness and the Emergence of Mind in Primates," *American Journal of Primatology* 2 (1982): 237~248.

Gibson, Kathleen, and Tim Ingold, eds., *Tools, Language, and Intelligence*(Cambridge: Cambridge University Press, 1992).

Griffin, Donald, *Animal Minds*(Chicago: University of Chicago Press, 1992).

Humphrey, Nicholas K., *The Inner Eye*(London: Faber & Faber, 1986).

———, *A History of the Mind*(New York: HarperCollins, 1993).

Jerison, Harry, "Brain Size and the Evolution of Mind," *The Fifty-ninth James Arthur Lecture on the Human Brain* (New York: American Museum of Natural History, 1991).

McGinn, Colin, "Can We Solve the Mind-Body Problem?" *Mind* 98 (1989): 349~366.

Savage-Rumbaugh, Sue, and Roger Lewin, *Kanzi: At the Brink of Human Mind*(New York: John Wiley, 1994).

찾아보기

옮긴이 **황현숙**

서울 대학교 미생물학과를 졸업하고, 과학 출판 연구 모임인 과학세대의 기획 위원으로 여러 과학책의 기획과 번역에 참여했다. 현재 출판 기획과 번역 일을 하고 있다. 옮긴 책으로는 『생명의 파노라마』, 『생명이란 무엇인가?』, 『풀리지 않는 과학의 의문들 14』, 『제6의 멸종』 등이 있다.

사이언스 마스터스 04
인류의 기원 │ 리처드 리키가 들려주는 최초의 인간 이야기

1판 1쇄 펴냄 2005년 6월 30일
1판 5쇄 펴냄 2022년 3월 15일

지은이 리처드 리키
옮긴이 황현숙
펴낸이 박상준
펴낸곳 (주)사이언스북스

출판등록 1997. 3. 24.(제16-1444호)
주소 06027 서울특별시 강남구 도산대로1길 62
대표전화 515-2000 팩시밀리 515-2007
편집부 517-4263 팩시밀리 514-2329
www.sciencebooks.co.kr

한국어판 ⓒ (주)사이언스북스, 2005. Printed in Seoul, Korea.

ISBN 978-89-8371-940-9 (세트)
ISBN 978-89-8371-944-7 03400

사이언스 마스터스

『**사이언스 마스터스**』**를 읽지 않고 과학을 말하지 마라!**

사이언스 마스터스 시리즈는 대우주를 다루는 천문학에서 인간이라는 소우주의 핵심으로 파고드는 뇌과학에 이르기까지 과학계에서 뜨거운 논쟁을 불러일으키는 주제들과 기초 과학의 핵심 지식들을 알기 쉽게 소개하고 있다.

전 세계 26개국에 번역·출간된 사이언스 마스터스 시리즈에는 과학 대중화를 주도하고 있는 세계적 과학자 20여 명의 과학에 대한 열정과 가르침이 어우러져 있다. 과학적 지식과 세계관에 목말라 있는 독자들은 이 시리즈를 통해 미래 사회에 대한 새로운 전망과 지적 희열을 만끽할 수 있을 것이다.